MSC
Fatigue
疲劳分析标准教程

王国军 李伟 编著

人民邮电出版社

北 京

图书在版编目（CIP）数据

MSC Fatigue 疲劳分析标准教程 / 王国军，李伟编
著. -- 北京：人民邮电出版社，2023.3
ISBN 978-7-115-54900-6

Ⅰ．①M… Ⅱ．①王… ②李… Ⅲ．①疲劳数据的分析
－应用软件－教材 Ⅳ．①O346.2-39

中国版本图书馆CIP数据核字(2020)第205965号

内 容 提 要

  本书主要讲述 MSC Fatigue 2019 疲劳分析的软件操作技巧和要点。全书共分为 9 章，包括疲劳分析概述、MSC Fatigue 疲劳分析介绍、疲劳载荷谱的统计处理、应力疲劳分析、应变疲劳分析、裂纹扩展分析、振动疲劳分析、焊接疲劳分析、MSC Fatigue 的其他模块与应用。

  全书由浅入深，循序渐进，从简单的应力疲劳分析逐渐深入，将理论联系实际，把枯燥的理论讲透、讲活。本书既适合作为高等院校疲劳分析课程教材，也适合从事相关科学研究的读者自学使用。

 ◆ 编　著　王国军　李　伟
   责任编辑　颜景燕
   责任印制　王　郁　胡　南
 ◆ 人民邮电出版社出版发行　　北京市丰台区成寿寺路 11 号
   邮编　100164　电子邮件　315@ptpress.com.cn
   网址　https://www.ptpress.com.cn
   固安县铭成印刷有限公司印刷
 ◆ 开本：787×1092　1/16
   印张：13.75　　　　　　　　　2023 年 3 月第 1 版
   字数：370 千字　　　　　　　2023 年 3 月河北第 1 次印刷

       定价：79.80 元

读者服务热线：(010)81055410　印装质量热线：(010)81055316
反盗版热线：(010)81055315
广告经营许可证：京东市监广登字 20170147 号

疲劳理论的发展和有限元技术日益成熟，并出现了利用有限元分析结果进行疲劳分析的方法，在金属构件和零部件的疲劳分析中得到了广泛应用。

一、本书主要内容

本书系统介绍目前应用较为成熟、广泛的疲劳分析方法，并结合疲劳分析软件 MSC Fatigue 2019，通过大量实例，详细阐述如何结合有限元技术、振动分析以及测试技术进行疲劳分析，让读者在产品设计阶段就可以进行可靠性、疲劳寿命分析和评价。

本书共 9 章。第 1 章简要介绍疲劳分析的基本概念、基本步骤及疲劳分析方法。第 2 章介绍 MSC Fatigue 2019 的基本模块和基本操作方法。第 3 章结合软件介绍疲劳载荷谱的统计处理方法，包括载荷谱的导入、显示及计数方法等。第 4 章阐述应力疲劳分析的基本理论，并介绍利用有限元分析结果进行应力疲劳分析的实例。第 5 章对应变疲劳理论进行论述，给出简单的应变疲劳分析实例。第 6 章介绍裂纹扩展理论，并给出简单的带缺口平板的裂纹扩展寿命分析实例。第 7 章介绍如何通过振动分析结果进行疲劳寿命的计算。第 8 章结合车身结构的焊点疲劳分析等实例介绍焊接疲劳分析理论。第 9 章介绍 MSC Fatigue 的两个专用模块，包括旋转结构的疲劳分析模块和虚拟应变片模块。

二、本书的配套资源

本书为读者提供了丰富的配套电子资源，以便读者朋友快速学会并精通这门技术。

1. 实例配套教学视频

编者针对本书实例专门制作了配套教学视频，读者可以先看视频来学习本书内容，然后对照课本加以实践和练习，这样能大大提高学习效率。

2. 实例的源文件

本书附带讲解实例和练习实例的源文件。

三、致谢

诺世创（北京）技术服务有限公司 MSC 软件公司（北京总部）为本书提供技术顾问，并指定本书为官方培训指导教材。本书由陆军军事交通学院的王国军博士和 MSC Software 华南区技术经理李伟编著。另外，胡仁喜、解江坤、刘昌丽、康士廷等对本书的出版也提供了大量的帮助，在此表示感谢。

考虑到疲劳分析和工程设计的复杂性，书中的实例进行了一定的简化，尽量做到深入浅出。全书循序渐进，从简单的应力疲劳分析到裂纹扩展、焊接疲劳、振动疲劳，结合 MSC Fatigue 2019 工具，把枯燥的理论讲透、讲活。本书既适合作为各类院校疲劳分析的基本教材，也适合从事相关科学研究的读者自学使用。

限于作者水平，书中不足和错误在所难免，欢迎广大读者加入 QQ 群 991941044 或者联系 714491436@qq.com 一起交流探讨。

作者
2021 年 4 月

资源与支持

本书由异步社区出品，社区（https://www.epubit.com/）为您提供相关资源和后续服务。

配套资源

本书提供如下资源：

- 实例配套视频教程；

- 实例对应源文件。

要获得以上配套资源，请在异步社区本书页面中点击 `配套资源` ，跳转到下载界面，按提示进行操作即可。注意：为保证购书读者的权益，该操作会给出相关提示，要求输入提取码进行验证。

如果您是教师，希望获得教学配套资源，请在社区本书页面中直接联系本书的责任编辑。

提交勘误

作者和编辑尽最大努力来确保书中内容的准确性，但难免会存在疏漏。欢迎您将发现的问题反馈给我们，帮助我们提升图书的质量。

当您发现错误时，请登录异步社区，按书名搜索，进入本书页面，点击"提交勘误"，输入勘误信息，点击"提交"按钮即可。本书的作者和编辑会对您提交的勘误进行审核，确认并接受后，您将获赠异步社区的 100 积分。积分可用于在异步社区兑换优惠券、样书或奖品。

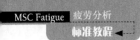

扫码关注本书

扫描下方二维码，您将会在异步社区微信服务号中看到本书信息及相关的服务提示。

与我们联系

我们的联系邮箱是 contact@epubit.com.cn。

如果您对本书有任何疑问或建议，请您发邮件给我们，并请在邮件标题中注明本书书名，以便我们更高效地做出反馈。

如果您有兴趣出版图书、录制教学视频，或者参与图书翻译、技术审校等工作，可以发邮件给我们；有意出版图书的作者也可以到异步社区在线提交投稿（直接访问 www.epubit.com/selfpublish/submission 即可）。

如果您是学校、培训机构或企业，想批量购买本书或异步社区出版的其他图书，也可以发邮件给我们。

如果您在网上发现有针对异步社区出品图书的各种形式的盗版行为，包括对图书全部或部分内容的非授权传播，请您将怀疑有侵权行为的链接发邮件给我们。您的这一举动是对作者权益的保护，也是我们持续为您提供有价值的内容的动力之源。

关于异步社区和异步图书

"异步社区"是人民邮电出版社旗下 IT 专业图书社区，致力于出版精品 IT 技术图书和相关学习产品，为作译者提供优质出版服务。异步社区创办于 2015 年 8 月，提供大量精品 IT 技术图书和电子书，以及高品质技术文章和视频课程。更多详情请访问异步社区官网 https://www.epubit.com。

"异步图书"是由异步社区编辑团队策划出版的精品 IT 专业图书的品牌，依托于人民邮电出版社近 40 年的计算机图书出版积累和专业编辑团队，相关图书在封面上印有异步图书的 LOGO。异步图书的出版领域包括软件开发、大数据、AI、测试、前端、网络技术等。

异步社区

微信服务号

目 录
CONTENTS

第 1 章
疲劳分析概述

让广大工程人员熟悉或了解疲劳知识是解决结构疲劳失效的重要手段。关于疲劳问题的研究已经有一百多年的历史了，然而由于疲劳分析本身的复杂性，大多数工程人员至今对疲劳的基本概念的认识还不够，甚至由于疲劳寿命对载荷过于敏感而怀疑进行疲劳分析的意义，抑或由于疲劳问题不易验证而怀疑其可靠性。本章主要介绍疲劳的基本概念，以提高读者对疲劳问题的认识。

/ 知识重点

- ⊙ 疲劳分析简介
- ⊙ 疲劳设计方法及相应的疲劳分析方法
- ⊙ 疲劳分析的基本步骤

1.1 疲劳分析简介

1.1.1 疲劳的基本概念

美国试验与材料协会（ASTM）在《疲劳试验及数据统计分析之有关术语的标准定义》（ASTM E206—72）中定义：在某点或某些点承受扰动应力，且在足够多的循环扰动后形成裂纹或完全断裂的材料中发生的局部的、永久结构变化的发展过程，称为疲劳。

引起疲劳失效的循环载荷往往小于根据静强度分析的"安全"载荷，传统的静强度分析方法不能解决疲劳问题。

1.1.2 疲劳分析的意义和研究现状

1. 疲劳分析的意义

在结构的各种失效形式中，疲劳是结构失效的最主要原因之一，也是结构可靠性试验要考虑的最主要因素。

在许多情况下，疲劳破坏会给人们带来灾难性的后果。如1952年，第一架喷气式客机（英国的"彗星"号）在试飞300多小时后投入使用，于1954年在飞行中突然失事掉入地中海，经鉴定，事故是由压力舱的疲劳破坏造成的。因此，对结构进行疲劳分析具有重大意义。

2. 疲劳分析的研究现状

100多年来，人们为认识和控制疲劳破坏进行了大量研究，在对疲劳现象的观察、对疲劳机理的分析，以及对疲劳寿命的预测和抗疲劳技术等方面积累了丰富的知识。在不断地探究材料与结构疲劳奥秘的实践中，人们对疲劳问题的认识也在不断深入，形成了一套相对比较完善的疲劳分析方法。目前人们迫切需要利用现有的这些成果解决实际工程中的疲劳问题。为此，各种疲劳分析软件应运而生，其中Patran软件中的MSC Fatigue工具和nCode公司的nSoft软件应用较为广泛。这些软件的产生及广泛应用大大方便了人们在实际工程中对结构进行疲劳分析。

1.1.3 疲劳的特点

从疲劳的基本概念可以看出，疲劳具有以下几个方面的特点。

（1）疲劳发生的外部原因是扰动应力。扰动应力是指随时间变化的应力，也可以将这一概念进行推广，称为扰动载荷。载荷可以是力、应力、应变、位移等。载荷随时间的变化可以是有规则的，也可以是不规则的，甚至是随机的，如图1-1所示。描述载荷－时间变化关系的图或表称为载荷时间历程，也称为载荷谱。规则的载荷谱可以看作是由一系列载荷循环构成的。最简单的载荷循环历程是恒幅载荷，如图1-1（a）所示。图1-2所示是正弦恒幅疲劳载荷循环。下面介绍载荷循环的几个重要概念。

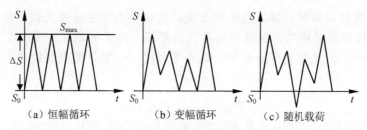

图 1-1 疲劳载荷形式分类

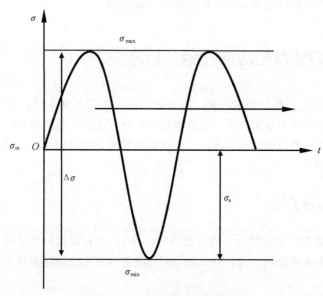

图 1-2 正弦恒幅疲劳载荷循环

描述一个应力循环至少需要两个量，即循环最大应力 σ_{max} 和循环最小应力 σ_{min}，这是描述载荷循环的基本参量。疲劳分析中，经常用到下述参量：

应力变程 $\Delta\sigma$ 定义为 $\Delta\sigma = \sigma_{max} - \sigma_{min}$；

应力幅 σ_a 定义为 $\sigma_a = \Delta\sigma/2$；

平均应力 σ_m 定义为 $\sigma_m = (\sigma_{max} + \sigma_{min})/2$；

应力比 R 定义为 $R = \sigma_{min}/\sigma_{max}$。

其中，应力比 R 反映了载荷的循环特征，如当 $\sigma_{max} = -\sigma_{min}$ 时，$R = -1$，是对称循环；当 $\sigma_{max} = \sigma_{min}$，$R = 1$，$\sigma_a = 0$ 时，是静载荷。

上述 6 个参量中，只需要知道其中任意两个，即可确定整个应力循环。为使用方便，在设计时，一般用最大应力和最小应力，这是由于二者比较直观，便于设计控制；在实验时，一般用平均应力和应力幅，便于施加载荷；在分析时，一般用应力幅和应力比，便于按载荷的循环特征分类研究。

（2）疲劳破坏产生于局部。零部件应力集中处常常是疲劳破坏的起源，局部性是疲劳失效的特征。疲劳分析要从整体出发，注意结构细节，尽可能减少应力集中。

（3）疲劳是一个发展的过程。从疲劳裂纹的形成到裂纹扩展，以致最后断裂，是疲劳损伤逐渐累积的过程。这一过程中结构经历的时间或载荷循环次数称为疲劳寿命。它不仅取决于载荷水平，还与结构的抗疲劳能力有关。需要引起注意的是，一般疲劳分析的最高目标不

是预测寿命，而是解决疲劳问题，使结构在使用过程中不发生疲劳失效。疲劳破坏一般分为 3 个发展阶段，包括裂纹萌生、裂纹扩展和失稳断裂。由于失稳断裂是一个很快的过程，对疲劳寿命影响很小，因此在疲劳分析中一般不予考虑。一般只考虑裂纹萌生和裂纹扩展两部分的寿命，即

$$N_{total}=N_{initiation}+N_{propagation}$$

在进行裂纹萌生寿命分析时，一般采用应变疲劳分析方法；在进行裂纹扩展寿命分析时，一般采用断裂力学方法。当疲劳载荷相对较小且不会使材料产生宏观塑性变形时，一般直接采用应力疲劳分析方法。应力疲劳分析的结果是两个阶段疲劳寿命之和。

1.2 疲劳设计方法及相应的疲劳分析方法

不同设计对象结构由于使用要求不同、重要性不同、使用条件不同，采用的疲劳设计方法也不同，对应采用的疲劳分析方法也不同。现有的疲劳设计方法有无限寿命设计方法、有限寿命设计方法、损伤容限设计方法和耐久性设计方法。下面就对常用的疲劳设计方法的基本思想及其相应的疲劳分析方法进行介绍。

1.2.1 无限寿命设计方法

对于极其重要的零件（要求零件上裂纹很小且很少），如发动机的气缸盖、曲轴等，一般控制其应力水平，使其小于疲劳极限，这时应该采用应力疲劳分析方法解决无限寿命的设计问题。

1.2.2 有限寿命设计方法

无限寿命设计的目的是要求零件在设计应力下能长期安全地使用，这就要求构件中的应力控制在很低的范围，这样往往导致材料的潜力得不到充分发挥，并且对于并不需要经受很多循环的构件，无限寿命的设计会提高成本，不经济。在实际生产中，需要根据使用要求使构件在有限长的使用寿命内，不发生疲劳破坏的设计，称为安全寿命设计或有限寿命设计。容器、管道、汽车大都采用安全寿命设计。

基于结构疲劳应力的特点，有限寿命疲劳分析可以采用应力疲劳分析或应变疲劳分析方法。如果结构疲劳应力落在低周疲劳区，一般采用应变疲劳分析方法；如果结构疲劳应力落在高周疲劳区，一般采用应力疲劳分析方法。

1.2.3 损伤容限设计方法

对于初始疲劳裂纹不能忽略的零件，有限寿命设计方法并不能完全保证其安全，因此一般采用损伤容限设计方法解决这类问题。损伤容限设计方法用应力强度因子的幅度 ΔK 来描述裂纹扩展速率，进而对裂纹扩展寿命进行预测。断裂判据和裂纹扩展速率是损伤容限设计方法的基础。这时采用的疲劳分析方法为损伤容限分析方法，这种方法在航空领域应用较为广泛。

1.2.4　耐久性设计方法

耐久性是在符合要求使用的条件下度量构件或结构抗疲劳断裂的性能，更注重构件或结构的经济实用性，以经济寿命为控制目标。在产品设计、使用和维护上综合考虑安全性、功能性和经济性，该方法考虑全面，要综合运用应力、应变、损伤容限多种疲劳分析方法。

1.3　疲劳分析的基本步骤

进行疲劳分析之前，要掌握疲劳分析的基本步骤。疲劳分析主要包括疲劳载荷谱的确定、材料或零部件疲劳特性的确定，然后根据具体的设计要求确定疲劳分析方法，最终预测疲劳寿命。

疲劳分析的基本步骤如图 1-3 所示（这是简化了的，事实上疲劳分析的步骤要复杂得多）。

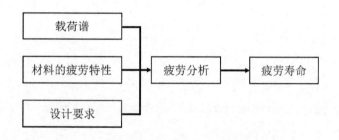

图 1-3　疲劳分析的基本步骤

本节主要对疲劳分析的基本步骤进行介绍，为进一步学习疲劳分析做好必要的准备。

1.3.1　载荷谱的获取与确定

载荷谱一般要通过实际测试得到。近年来，计算机技术的发展使得通过仿真计算获取载荷谱成为可能，但仿真的方法要经过试验验证才可信。在实际测试载荷谱前，要根据研究对象的使用情况来确定要测试的工况，测试得到载荷时间历程后要进行统计处理，最后才能得到目标载荷谱。

1.3.2　材料疲劳特性的确定

材料的疲劳特性需要在疲劳试验机上完成，另外，不同的疲劳分析方法需要确定的材料疲劳特性也不尽相同，如采用应力疲劳分析方法需要已知材料的 S-N 曲线，采用应变疲劳分析方法需要已知材料的 E-N 曲线。MSC Fatigue 2019 提供了大量的材料疲劳特性。对于国产材料来说，我国已经积累了大量的数据，读者在使用过程中可以查阅相关资料或图书。

1.3.3　疲劳分析方法的确定

　　疲劳分析方法要根据设计目的、载荷谱及材料的疲劳特性综合考虑与权衡才能确定。例如，对于极其重要的零件，要求其具有无限寿命，只需要已知材料无限寿命条件下的疲劳极限，使结构的等效最大应力幅小于材料无限寿命条件下的疲劳极限就可以了；对于有限寿命设计要求的结构，可以采用应力疲劳分析方法或应变疲劳分析方法。如果允许结构的应力落在低周疲劳区，应该考虑采用应变疲劳分析方法；而对于一些重要的零件，要使其应力落在高周疲劳区，应该采用应力疲劳分析方法。

第 2 章

MSC Fatigue
疲劳分析介绍

MSC Fatigue 是进行疲劳分析的有力工具。本章首先对该工具的主要特点、主要功能、主要模块、数据接口进行简单描述。由于 MSC Fatigue 集成在 Patran 软件中，因此在完成上述介绍后将再介绍 Patran 软件的安装方法及其基本操作。

/ 知识重点

- MSC Fatigue 的主要特点
- MSC Fatigue 的主要功能
- MSC Fatigue 的主要模块

2.1 MSC Fatigue 简介

MSC Fatigue 是基于有限元分析结果进行疲劳分析的工具，可灵活地用来预测各种复杂零件和结构的疲劳寿命。它可以在产品的初级设计阶段进行结构和零部件的疲劳分析，便于用户优化产品的寿命。它可以从其他有限元软件中获得 MSC Fatigue 需要的几何模型和有限元结果文件，例如 MSC Nastran、MSC Marc、MSC Dytran、ANSYS、Hypermesh 等，然后将其导入 MSC Fatigue Standalone 进行疲劳分析。载荷谱数据可以从物理试验或 MSC Adams、SIMPACK 仿真试验中获得。需要的材料信息可以从 MSC Fatigue 的标准库中获得，或由用户自己提供。

MSC Fatigue 不仅可以帮助设计者在产品的早期设计阶段进行疲劳分析，还可以帮助用户快速而准确地预测产品与时间和频率相关的载荷工况作用下的寿命。

2.1.1 MSC Fatigue 的主要特点

MSC Fatigue 的主要特点表现在以下几个方面。

（1）用户图形界面使用方便，可进行人机对话操作，或用高效的批处理背景操作方式执行程序。

（2）有在线帮助和资料查询功能，有丰富的材料数据库（约 200 种材料），带有图形显示、输入、编辑及检索功能。

（3）能定义、处理和显示载荷数据库。

（4）与 nSoft 软件兼容，支持多种计算机系统平台。

（5）能够针对材料的表面加工和热处理情况修正疲劳寿命分析结果。

（6）能够同时计算多达 20 组不同材料特性、表面加工和热处理的数据。

（7）具有多轴载荷鉴别及显示，以及多轴载荷的雨流循环计数功能。

（8）考虑统计置信度，能输出临界位置的应力 - 应变谱。

（9）支持大多数知名有限元分析软件包，支持常用的壳及实体单元。

（10）含有"软件应变计"工具，可方便地用来比较"计算"和"实测"的应变谱。

MSC Fatigue 作为专业的耐久性疲劳寿命分析工具，可用于结构的初始裂纹分析、裂纹扩展分析、应力寿命分析、焊接寿命分析、整体寿命预估分析、疲劳优化设计、振动疲劳分析、多轴疲劳分析、焊点分析、虚拟应变片测量及数据采集等，同时该软件还拥有丰富的疲劳断裂相关材料库、载荷时间历程数据库等，能够可视化疲劳分析的各类损伤、寿命结果。此外，该模块集成在 Patran 软件中，具有优秀的图形界面及全面的用户指南。

2.1.2 MSC Fatigue 的主要功能

1. 根据 S–N 曲线进行全寿命分析

S–N 疲劳寿命分析方法（以下简称 S-N 方法）是传统的全寿命分析方法。它以材料或零件的应力为基础，用雨流循环计数法和 Palmgren-Miner 线性累积损伤理论（简称为 Miner 理论）进行全寿命分析。使用该方法，可以选择不同平均应力修正方法和置信等分析参数。材料的 S-N 曲线可以根据指定的表面抛光和热处理方法进行修正。

这种方法对裂纹的萌生和扩展不加以明确区分，能够预测材料的总寿命。当然，这种方法也能够对材料在一系列循环载荷作用下对各部位的损伤度、剩余寿命进行评估。对于全寿命的估算通过彩色条纹显示结果，用户可以很容易判定疲劳的危险区域。

2. 根据应变 – 寿命法进行裂纹萌生寿命分析

裂纹萌生分析一般采用局部应变 – 寿命法，是基于循环应力 – 应变模型和 Neuber 理论进行寿命分析的方法。在 MSC Fatigue 中，可以对表面抛光和热处理方法进行选择，从而研究这些因素对疲劳寿命的影响。这种方法根据关键点的应变来预测疲劳寿命，用户可以根据产品需要来定义疲劳极限。该方法一般用于对整个结构可能造成致命危险的高应变区域。

3. 根据线弹性断裂力学进行裂纹扩展分析

该方法以线弹性断裂力学（LEFM）理论为基础，预测裂纹扩展寿命。该方法一般用于结构的损伤容限设计。

4. 焊接和焊点疲劳寿命分析

以英国标准 BS 7608 为依据，对钢材或铝合金焊接结构进行总体寿命分析。在 MSC Nastran 中可以用两薄板间的刚性梁来模拟焊点，然后将刚性梁所受的力转换成应力，此应力被用于 S-N 分析。该方法根据每个焊点周围的结构应力来计算疲劳寿命，相较而言对有限元网格的要求不高，用户可以用 Insight 看到直观、形象的结果。

5. 振动疲劳分析

振动疲劳分析以 S-N 方法用功率谱密度函数（PSD）或传递函数直接计算疲劳寿命。对于传递函数，其功能可分成应力响应过程和疲劳分析两个部分。当在时域内分析结构不方便时，有必要进行随机振动分析，MSC Fatigue 的此项功能十分强大。其疲劳分析模块中包含应力分析工具，能够给出多载荷工况、频域问题的求解方法，还包含对应力张量迁移性和双轴检查的成果。

6. 交互式设计优化

MSC Fatigue 可对形状、表面抛光、表面加工处理、材料、焊接类型、载荷大小、各种修正法、耐久性可靠度、残余应力、应力集中等设计参数进行灵敏度分析及优化设计。

7. 多轴疲劳分析

当需要对复杂多轴进行疲劳分析时，双轴分析特征有助于确定必要的疲劳分析方法。本模块可以对比例载荷进行修正，也可以进行多轴疲劳寿命的计算。

8. 材料疲劳特性数据库和载荷时间历程数据库

MSC Fatigue 提供了丰富的材料数据库，它具有图形显示、输入、编辑及检索功能，能创建、处理和显示材料数据。载荷时间历程数据库提供了存储载荷时间历程及其细节的方法。另外，完整的图形编辑和信号创建程序能够从实测数据或人工合成数据中提取和创建时间历程。

2.2　MSC Fatigue 中的主要模块

MSC Fatigue 主要提供基本疲劳分析模块、裂纹扩展分析模块、疲劳分析工具模块、振动疲劳分析模块、焊点疲劳分析模块、车轮应力疲劳分析模块、多轴疲劳分析模块等。下面就对各个模块的主要功能进行介绍。

2.2.1　基本疲劳分析模块

基本疲劳分析（MSC Fatigue Basic）模块主要根据有限元模型提供的结构应力或应变分布、结

构载荷的变化及材料的疲劳特性等条件预测疲劳寿命。分析中既可采用传统的 *S-N* 方法，也可采用局部应变法或裂纹形成法。全寿命分析法通常会用 *S-N* 方法，该方法并不严格区分裂纹萌生和裂纹扩展，而是对结构发生突然断裂前的全寿命进行预测。裂纹萌生法即应变－寿命（*E-N*）法，为预测产品产生初始裂纹前的寿命提供依据。

2.2.2　裂纹扩展分析模块

裂纹扩展分析（MSC Fatigue Fracture）模块主要根据有限元模型提供的结构应力分布、结构载荷的变化及材料的疲劳特性等条件预测裂纹的扩展速率和时间。研究裂纹扩展常采用传统的线弹性断裂力学（LEFM）方法。

2.2.3　疲劳分析工具模块

疲劳分析工具（MSC Fatigue Utilities）模块主要分析和处理诸如应力或应变时间历程的测量值等数据，为进一步的疲劳分析做好准备。

2.2.4　振动疲劳分析模块

振动疲劳分析（MSC Fatigue Vibration）可预测结构或部件在随机振动条件下的疲劳寿命。其主要用于振动敏感系统，可以根据有限元分析所得应力的功率谱密度函数或传递函数预估结构的疲劳寿命。

2.2.5　焊点疲劳分析模块

焊点疲劳分析（MSC Fatigue Spot Weld）模块基于有限元分析结果，可预测两块金属板在焊点连接处的疲劳寿命。计算中将结构的焊点看作连接两块金属板的刚性梁，而金属板用薄壳单元描述。该方法利用杆梁单元横截面所受的力和力矩来计算焊接处的应力，然后采用 *S-N* 方法完成结构的全寿命疲劳分析。

采用 MSC Fatigue Spot Weld 模块，可以准确预测焊点的疲劳寿命、优化焊点的数量和大小，从而降低制造成本，提高产品可靠性。例如，汽车的车身通常是由数千甚至上万个焊点连接构成的一个完整的承载结构。在生产流水线上，每一个机械手所能处理的焊点数量是有限的，若因设计造成焊点布置不合理，其结果必然是导致无用焊点数目增加，而每增加一个无用焊点就意味着生产线上的成本增加。

2.2.6　车轮应力疲劳分析模块

MSC Fatigue Wheels 主要用于对车轮或其他旋转体进行疲劳分析。旋转结构承受的载荷是沿着旋转体的外围传播的。MSC Fatigue Wheels 通过把载荷施加到车轮连续扇区上来完成仿真分析。在 MSC Fatigue 中，所有载荷工况的定义在"Loading Information"界面上较易处理，并且使用每个载荷工况的应力结果可以绘制出载荷，将其施加到车轮连续扇区上时，是以车轮上每一个节点的应力时间历程的形式表现。通过载荷工况的应力结果，还可以确定旋转变化中每一个节点的完整应力时间历程和疲劳损伤。此外，可以在损伤最严重的表面为每一个节点绘制疲劳寿命和疲劳损伤云图等来显示疲劳结果。

2.2.7　多轴疲劳分析模块

MSC Fatigue Multiaxial 多轴疲劳分析是 Fatigue 系列产品之一。与常用的单轴或比例载荷情况不同，多轴采用了非比例、多轴应力状态假设，并通过裂纹扩展法预估结构寿命、分析结构的安全系数。因此，当载荷情况复杂且结构出现非比例、多轴应力状态时，分析人员和工程师可以利用 MSC Fatigue Multiaxial 自信地计算出结构和部件的疲劳寿命。

2.3　MSC Fatigue 的数据接口

MSC Fatigue 是由 MSC 公司和 nCode 公司合作开发的。它的前/后处理采用的是 MSC 公司的 Patran 软件；疲劳计算采用的是 nCode 公司的 FE-Fatigue（nSoft 软件的主要模块之一）；要使用有限元求解器，最好采用 Nastran 软件，该软件也可以接收 ANSYS 及 ABAQUS、Marc 的有限元分析结果。

2.4　Patran 2019 的安装

Patran 2019 的安装步骤如下。

双击"Patran_2019_windows64.exe"文件，弹出图 2-1 所示的安装界面。

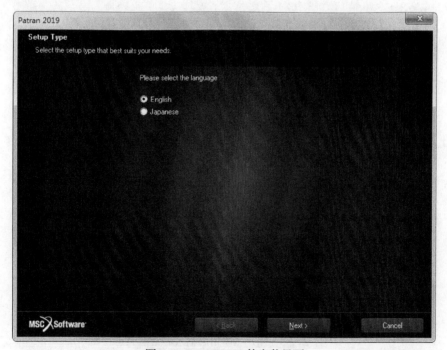

图 2-1　Patran 2019 的安装界面

单击"Next"（下一步）按钮 Next >，弹出图 2-2 所示的欢迎安装对话框。

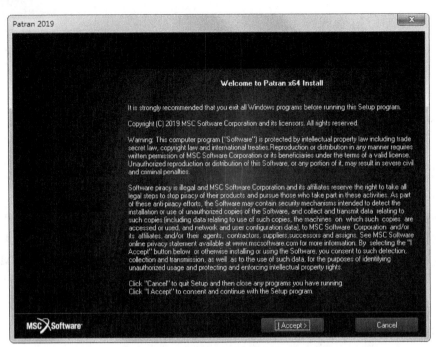

图 2-2　欢迎安装对话框

单击"I Accept"（我接受）按钮 [I Accept >]，弹出图 2-3 所示的用户基本信息输入对话框。

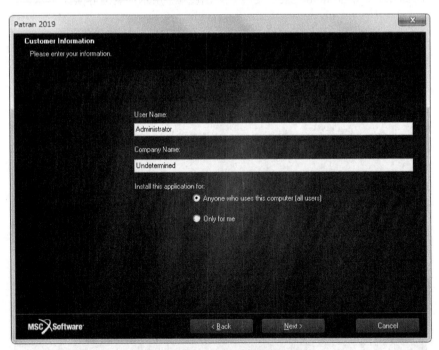

图 2-3　用户基本信息输入对话框

在"User Name"（用户名）文本框中输入用户名，在"Company Name"（公司名称）文本框中输入公司名称，然后单击"Next"（下一步）按钮 [Next >]，弹出图 2-4 所示的安装类型选择对话框。

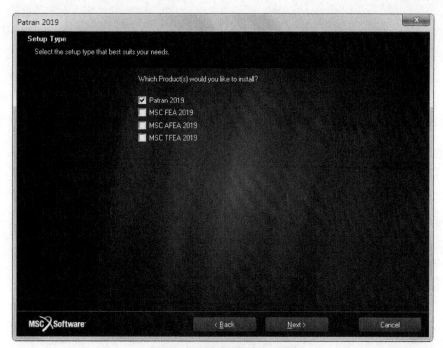

图 2-4　安装类型选择对话框

采用默认选项，单击"Next"（下一步）按钮 Next> ，弹出图 2-5 所示的安装界面选择对话框。

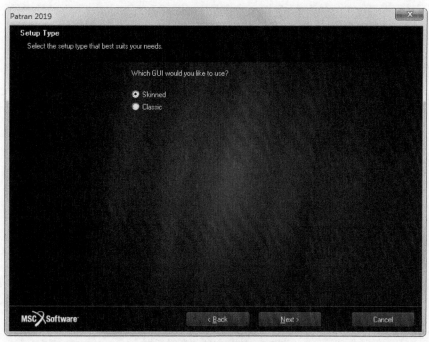

图 2-5　安装界面选择对话框

采用默认选项，单击"Next"（下一步）按钮 Next> ，弹出图 2-6 所示的安装模式选择对话框。

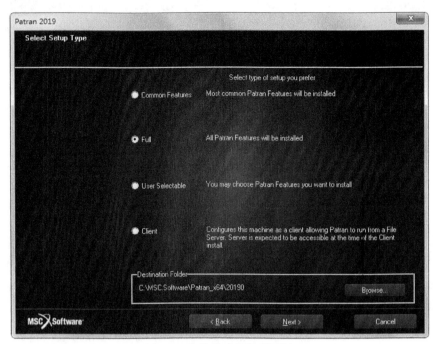

图 2-6 安装模式选择对话框

选中"Full"单选按钮，则表示安装所有组件，单击"Next"（下一步）按钮 Next> ，弹出图 2-7 所示的确认安装信息对话框。

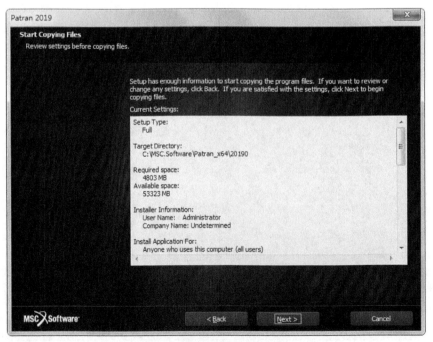

图 2-7 确认安装信息对话框

单击"Next"（下一步）按钮 Next> ，系统开始进行文件复制，如图 2-8 所示。

图 2-8　文件复制对话框

文件复制完后，安装程序要求确定安装路径，如图 2-9 所示。

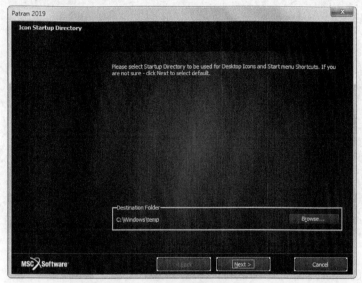

图 2-9　确定安装路径对话框

路径选择完后，单击"Next"（下一步）按钮 ，安装程序要求输入 License（许可证），如图 2-10 所示。

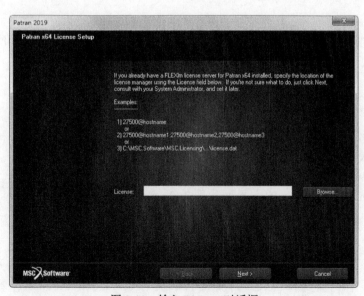

图 2-10　输入 License 对话框

给出 License（许可证）所在的路径，如图 2-11 所示，然后单击"Next"（下一步）按钮 Next> ，继续安装。

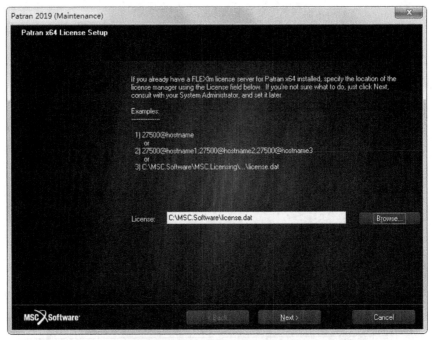

图 2-11　给出 License 安装路径

在后续弹出的一系列询问对话框中，单击"是"按钮 是(Y) 或"Next"（下一步）按钮 Next> 即可。在最后弹出的对话框中单击"Finish"按钮 Finish ，完成安装。

2.5　Patran 2019 的使用

要使用 Patran 2019，先从认识其操作界面开始。本节主要介绍 Patran 2019 的主要操作菜单和操作界面。

2.5.1　Patran 2019 的启动与主界面

软件安装完后，双击 Patran 2019 图标 进入 Patran 2019 主界面，或从"开始"菜单中依次选择"所有程序"→"MSC Software"→"Patran x64 2019"→"Patran 2019"，启动 Patran 2019。启动后的主界面如图 2-12 所示。

图 2-12　Patran 2019 主界面

2.5.2 Patran 2019 的基本操作

1. 导入有限元分析的结果

由图 2-12 可以看出，Patran 2019 刚刚启动时许多按钮和菜单都是灰色的，表示不能使用。选择菜单栏中的"File"（文件）→"New..."（新建）命令或者直接单击"Home"（主页）选项卡下"Defaults"（默认）面板中的"New"（新建）按钮 □，弹出"New Database"（新建数据库）对话框。在"File name"（文件名）文本框中输入文件名"start.db"，该文件名可任意指定，然后单击"OK"按钮 ⬚ OK ⬚，创建一个新的数据库文件，如图 2-13 所示。

图 2-13 定义文件名

这时，菜单栏和选项卡中的按钮呈高亮、被激活状态，表示可以使用，如图 2-14 所示。

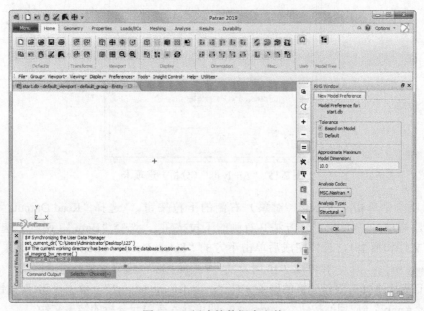

图 2-14 新建的数据库文件

在图 2-14 所示的界面中单击"Analysis"（分析）选项卡，右侧弹出图 2-15 所示的"Analysis"（分析）选项卡。

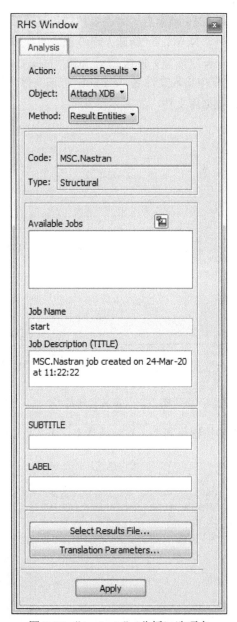

图 2-15 "Analysis"（分析）选项卡

在该选项卡中单击"Object"（对象）右侧的下拉按钮 ，选择"Read Output2"（读取 .op2 文件）选项，再单击"Method"（方法）右侧的下拉按钮 ，选择"Both"（两者）选项（表示同时读取结果文件和模型），设置完成后单击下方的"Select Results File..."（选择结果文件）按钮 ，弹出图 2-16 所示的"Select File"（选择文件）对话框。

在该对话框中选择有限元分析的结果文件"cylinder_model.op2"，单击"OK"按钮 。接下来单击"Apply"（应用）按钮 ，即可导入有限元分析的结果文件。

在输出区域可以看到图 2-17 所示的圆柱曲面初始图形。

调整观察位置，可以清晰地看到圆柱曲面的有限元网格，如图 2-18 所示。

图 2-16　选择结果文件

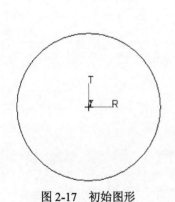

图 2-17　初始图形

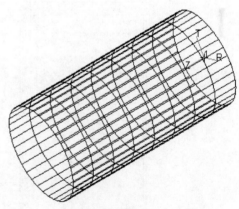

图 2-18　调整位置后的图形

2. 查看有限元分析的结果

单击"Results"（结果）选项卡，右侧弹出"Results"（结果）选项卡。按照图 2-19 所示进行设置，完成后单击"Apply"（应用）按钮 ⬚ Apply ，可以显示出有限元应力分析结果，如图 2-20 所示。

图 2-19 "Results"选项卡

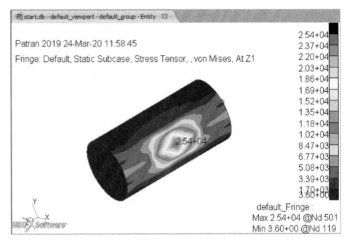

图 2-20 应力分析结果

3. 进行疲劳分析

单击"Durability"(耐用性)选项卡，右侧弹出"MSC. Fatigue"(疲劳分析)选项卡，按照图 2-21 所示进行疲劳分析设置。

（1）设置疲劳分析类型。单击图 2-21 中"Analysis"(分析)右侧的下拉按钮▼，弹出的疲劳分析类型选项如图 2-22 所示。各个选项的功能如下。

图 2-21 疲劳分析设置

图 2-22 疲劳分析类型选项

- *S-N* 表示应力疲劳分析方法。
- Initiation 表示应变疲劳分析，即裂纹形成。
- Growth 表示裂纹扩展分析。
- Vibration 表示振动疲劳分析。
- Multiaxial 表示多轴疲劳分析。
- Multiax. FOS 表示多轴安全系数。
- Spot Weld 表示焊点疲劳分析。
- Seam Weld 表示焊缝疲劳分析。
- Soft S/G 表示使用软件应变片进行分析。
- Wheels 表示车轮应力疲劳分析。

（2）设置分析节点/单元。单击"Results Loc."（锁定结果）右侧的下拉按钮，弹出图 2-23 所示的列表，告知软件使用的是 Node（节点）应力 / 应变结果还是 Element（单元）中心点应力/应变结果。

图 2-23　设置分析
节点 / 单元

（3）设置单位。单击"Res. Units"（结果单位）右侧的下拉按钮，弹出图 2-24 所示的列表，进行单位选择。

（4）设置求解参数。单击"Solution Params..."（求解参数）按钮 ，可以进行求解参数设置。

（5）设置材料特性。单击"Material Info..."（材料信息）按钮 ，可以进行材料疲劳特性的选择与定义。材料特性可以从 Patran 材料数据库中获得；或者根据材料断裂极限 UTS，基于经验公式计算得到；还可以从其他参考文献中获得并输入材料数据库中。

图 2-24　设置单位

（6）设置载荷参数。单击"Loading Info..."（载荷信息）按钮 ，可以进行载荷信息的设置与定义，载荷信息即为载荷谱。Patran 可以接收载荷时间历程、功率谱密度（PSD）形式的载荷数据。用户还可以使用 Patran 的时间历程数据库管理器 PTIME 生成任意形式的载荷谱。

（7）运行疲劳分析。单击"Job Control..."（作业控制）按钮 ，可以进行疲劳分析和检测疲劳分析是否完成。

（8）读入疲劳分析结果。单击"Fatigue Results..."（疲劳结果）按钮 ，进入"Fatigue Results"（疲劳结果）选项卡，可以读取上一步完成的疲劳分析结果。

4. 查看疲劳分析结果

单击"Results"（结果）选项卡，右侧弹出"Results"（结果）选项卡，在该选项卡中进行设置，可以查看自己所设参数的疲劳分析结果。

2.5.3　其他辅助功能

除了进行基本的疲劳分析外，MSC Fatigue 还具有疲劳载荷的显示、编辑等功能。

选择工具菜单栏中的"Tools"（工具）→"MSC.Fatigue"（疲劳分析）命令，我们看到所有的 MSC Fatigue 疲劳分析功能都集中在这一子菜单下，如图 2-25 所示。

图 2-25　疲劳分析功能

第 3 章
疲劳载荷谱的统计处理

本章主要讲述在 MSC Fatigue 中处理疲劳载荷谱的基本方法，包括数据导入与数字滤波处理。

/ 知识重点

- 数据导入
- 数字滤波

3.1 实例——数据的导入与图形化显示

载荷数据信号的导入与显示是疲劳分析中的基本操作。在许多情况下，我们需要显示、查看采集到的数据，观察其规律或异常情况。

3.1.1 问题描述

已知用应变片测得了一个应变 - 时间信号，以 ASCII 形式提供。要求将该文件导入 MSC Fatiuge，并绘制载荷时间历程曲线。

在开始以前，应先将需要的文件“Strain.asc”从配套资源“:\sourcefile”（源文件）复制到当前的工作目录中。

3.1.2 导入 ASCII 文件

（1）启动 Patran 2019 并新建数据库文件。

双击图标，启动 Patran 2019。单击“Home”（主页）选项卡下“Defaults”（默认）面板中的“New”（新建）按钮，弹出图 3-1 所示的“New Database”（新建数据库）对话框，在“File name”（文件名）文本框中输入文件名“DataImport.db”（导入数据）。

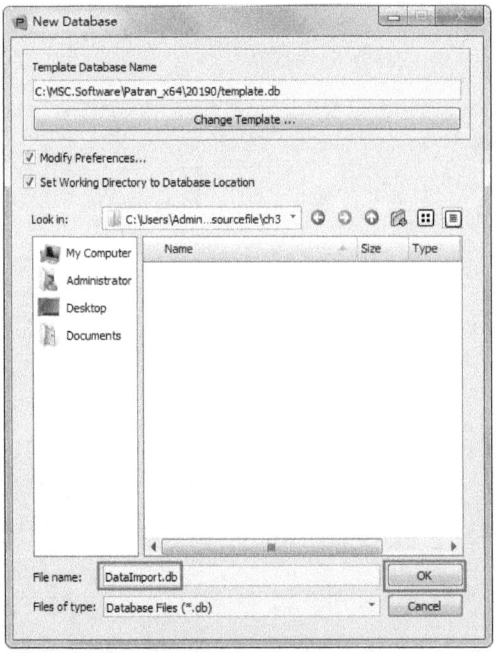

图 3-1　新建一个数据库文件

单击“OK”按钮，创建一个新的数据库文件。

（2）查看 ASCII 数据。

读者可以通过多种软件（如 Excel、Notepad 等）查看 ASCII 文件。图 3-2 所示为 Strain.asc 的文件内容。

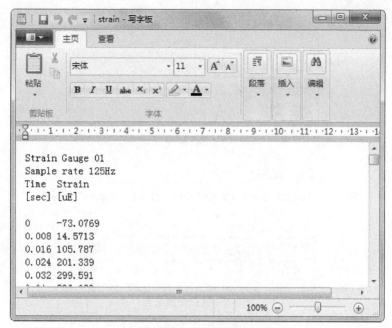

图 3-2　Strain.asc 的文件内容

图 3-2 中前 4 行代表文件信息，在这里称为头（Header）文件；下面第 1 列表示时间，单位是秒（sec），第 2 列是应变，代表微应变（$\mu\varepsilon$），图 3-2 对应的是 uE。ASCII 文件有多种形式，如无头数据文件、数据标识文件、多列文件等。MSC Fatigue 提供了 ASCII 文件导入向导，以便用户导入不同的数据文件。

（3）导入 ASCII 文件。

选择"Durability"（耐用性）选项卡下"Utilities"（实用工具）面板中"Conversion"（转换）下拉菜单中的"Convert ASCII .dac to Binary（matd）"（将 ASCII 数模转换为二进制）命令 Convert ASCII .dac to Binary (matd)，弹出图 3-3 所示的"MATD - ASCII..."对话框。

图 3-3　数据转换主对话框

在该对话框中选中"Single channel"（单通道）单选按钮，然后单击"OK"按钮 OK ，弹出图 3-4 所示的"MATD - Single Channel Conversion Parameters"（单通道转换参数）对话框。

单击"文件列表"按钮 ，在弹出的对话框中选择"STRAIN.ASC"文件，其他参数按照图 3-4 所示进行设置，即设置"Sample Rate"（抽样率）为"125"，"Header Lines to Skip"（要跳过的标题行）为"5"，其他保持默认设置，然后单击"OK"按钮 OK ，弹出图 3-5 所示的"MATD"对话框。

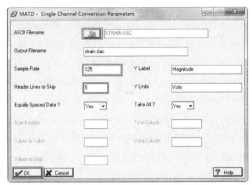

图 3-4 "MATD - Single Channel Conversion Parameters"对话框

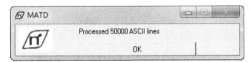

图 3-5 数据转换进程

数据转换完成后单击"OK"按钮 OK ，返回图 3-3 所示的对话框。选中"eXit"（退出）单选按钮，然后单击"OK"按钮 OK ，结束数据转换。

3.1.3 数据的图形化显示

选择"Durability"（耐用性）选项卡下"Utilities"（实用工具）面板中"Graphical"（图形）下拉菜单中的"Quick Look Display（mqld）"（快速查看显示）命令 Quick Look Display (mqld)，弹出图 3-6 所示的"MQLD"对话框。

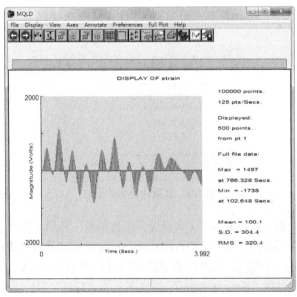

图 3-6 "MQLD"对话框

选择"View"（视图）下拉菜单中的"Full X"（完全显示 x 轴）命令，对话框中绘出了整个载荷时间历程。

（1）放大（Zooming in）。

如果要放大观察某一时间段的应变信号，可选择"View"（视图）下拉菜单中的"Window X"（X窗口）命令，这时命令提示行状态如图 3-7 所示。在其中输入一个最小值"10"，按 Enter 键，然后输入一个最大值"12"，按 Enter 键，此时就会显示新的时间段 10～12s 的放大图，如图 3-8 所示。

图 3-7　命令提示行状态

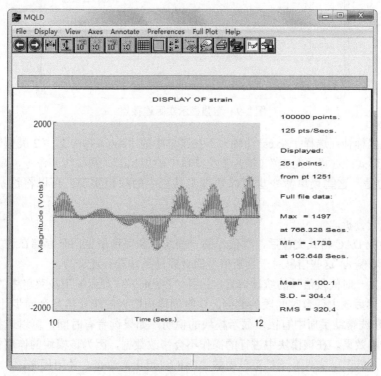

图 3-8　显示 10～12s 的放大图

（2）读取数据。

在许多情况下，需要在数据图形上读取数据，有很多方法可以实现这一操作。

单击：在图形上单击任意位置，当前的坐标位置都会在状态栏上出现（在 Windows 中需确保任务栏没有将状态栏挡住）。需要注意的是，这种方法并没有捕捉数据的轨迹。

数据轨迹：选择"Display"（显示）下拉菜单中的"Track"（轨迹）命令，从左到右缓慢移动鼠标指针，会发现鼠标指针在沿着数据的轨迹运动，数据的真实坐标会显示在底部的状态栏上。单击鼠标右键可以退出轨迹追踪模式。

显示连接点：选择"Display"（显示）下拉菜单中的"Join Points"（连接点）命令，则实际连接点在当前图形上会增强显示，如图 3-9 所示。选择"Display"（显示）下拉菜单中的"Join"（连接）命令，可以绘制实线图。

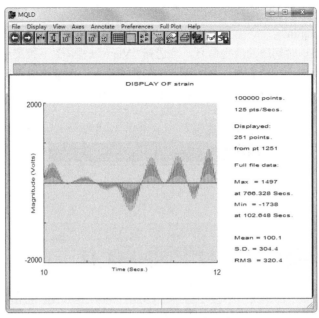

图 3-9　增强显示实际连接点

网格和可选坐标轴：选择"Axes"（轴）下拉菜单中的"Axes Type 2"（2 类型轴）命令，看一看备选坐标轴的形式；选择"Axes"（轴）下拉菜单中的"Grid"（网格线）命令，显示网格线。

需要注意的是，这些菜单命令也可以通过工具栏中的按钮实现，可以将这些按钮设为常用按钮。

（3）信号统计分析。

当信号转换成 DAC 格式文件后，对信号的一些统计和评价值也同时存储在该文件中（这些信息显示在图形的右侧）。这些信息对于判断信号的合理性是非常有意义的。

也可以显示某一时间段信号的统计信息。选择"Display"（显示）下拉菜单中的"WStats"（窗口统计）命令，然后放大任意时间段的数据，该时间段内数据的统计信息会同步计算、同步显示。MSC Fatigue 的在线帮助手册中有很多显示模块的说明，如果读者有时间，可以选择其他选项，看看它对图形的影响效果。在该模块中进行的操作不会修改数据，因为该模块的作用仅仅是显示。结束操作时，选择"File"（文件）下拉菜单中的"Exit"（退出）命令，关闭程序。

3.2　实例——数字滤波去除电压干扰信号

干扰电压信号的频率和采集设备的输入电压有关，而输入电压的频率是和地域有关的，如欧洲电压的频率一般为 50Hz，而北美电压的频率一般为 60Hz。电压的频率有可能泄露数据信号，产生与电压信号频率相同的谐波。通过本节的练习，读者可以学会去除电压干扰信号的方法。

3.2.1　问题描述

一载荷时间历程文件 mains.dac，由于该信号在采集过程中受到了电压信号的干扰，要求对该信号进行 PSD 分析，观察受电压干扰信号的频域特征，并通过滤波的方法将干扰信号除去。

在开始以前，应先将需要的文件"mains.dac"从配套资源":\sourcefile"（源文件）复制到当前工作目录下。

3.2.2 载荷时间历程的 PSD 分析

双击图标 ![图标]，启动 Patran 2019。单击"Home"（主页）选项卡下"Defaults"（默认）面板中的"New"（新建）按钮 ![按钮]，弹出图 3-1 所示的"New Database"（新建数据库）对话框，在"File name"（文件名）文本框中输入文件名"Psd.db"，然后单击"OK"按钮 ![OK按钮]。

选择"Durability"（耐用性）选项卡下"Utilities"（实用工具）面板中"Advanced"（高级）下拉菜单中的"Auto Spectral Density（masd）"（功率谱密度）命令 ![图标] Auto Spectral Density (masd)，弹出"MASD - Filename and Parameter Input"（频域分析 - 分析类型设置）对话框，如图 3-10 所示。单击"文件列表"按钮 ![按钮]，选择"MAINS.DAC"文件，采用默认设置，单击"OK"按钮 ![OK按钮]。弹出图 3-11 所示的"MASD - Parameter Input"（频域分析 - 参数设置）对话框，采用默认设置，单击"OK"按钮 ![OK按钮]。弹出图 3-12 所示的"MASD - Output Parameters"（频域分析 - 输出设置）对话框，采用默认设置，单击"OK"按钮 ![OK按钮]。

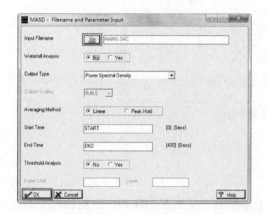

图 3-10 "MASD - Filename and Parameter Input"对话框

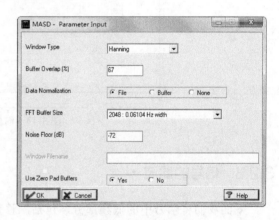

图 3-11 "MASD - Parameter Input"对话框

图 3-12 "MASD - Output Parameters"对话框

最后弹出"MASD - Results Summary"（频域分析 - 结果摘要）对话框，单击"End"（结束）按钮 ![End]。图 3-13 所示为时间信号的 PSD，在水平轴的 50Hz 处有一个很高的峰值，它处于正常的频域范围外，很可能就是由电信号干扰引起的。

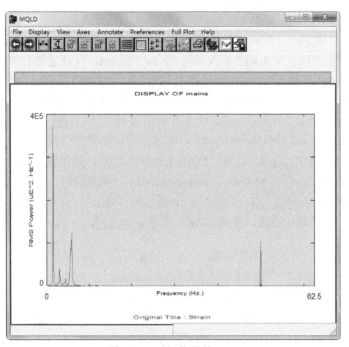

图 3-13　时间信号的 PSD

3.2.3　信号的滤波

下面我们将信号中的低频部分，包括漂移及由于电流的交变引起的噪声（欧洲标准一般是 50Hz）去除。MSC Fatigue 中有许多滤波工具，考虑到本例的具体问题，我们主要介绍 Butterworth（巴特沃斯）滤波器。这种滤波器也是最典型的。

选择"Durability"（耐用性）选项卡下"Utilities"（实用工具）面板中"Advanced"（高级）下拉菜单中的"Fast Fourier Filter（mfff）"（快速傅里叶滤波）命令 ![]　Fast Fourier Filter (mfff)，弹出"MFFF - Fast Fourier Filtering"（MFFF - 快速傅里叶滤波）对话框，单击"文件列表"按钮 ![]，在弹出的对话框中选择"MAINS.DAC"文件，然后按下列参数进行设置。

① Input Filename（输入文件名）：设置为 MAINS.DAC。

② Output Filename（输出文件名）：设置为 mains1。

③ Filter Type（过滤方式）：设置为 3 band pass（3 带通）。

④ Lower Edge Cutoff Freq.（下边缘截止频率）：设置为 0.5。

⑤ Upper Edge Cutoff Freq.（上边缘截止频率）：设置为 30。

⑥ FFT Buffer Size（快速傅里叶变换缓冲器大小）设置为 1024。

设置好的对话框如图 3-14 所示，单击"OK"按钮 ![OK]，在弹出的提示对话框中单击"Yes"按钮 ![Yes]，弹出"MFFF - Fast Fourier Filtering"（MFFF- 快速傅里叶滤波）对话框，单击"End"（结束）按钮 ![End]。

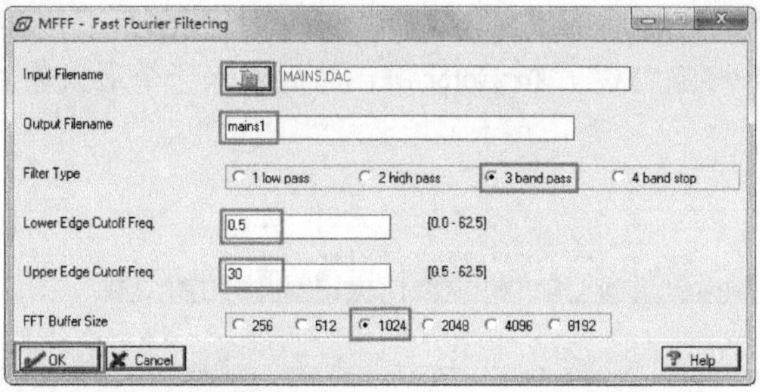

图 3-14 "MFFF - Fast Fourier Filtering"对话框

完成后，下面比较滤波前后的结果。

选择"Durability"（耐用性）选项卡下"Utilities"（实用工具）面板中"Graphical"（图形）下拉菜单中的"Milti-File Display（mmfd）"（多文件显示）命令 ![icon] Milti-File Display (mmfd)，弹出"MMFD - MFD Setup"（MMFD-MFD 设置）对话框，单击"文件列表"按钮 ![icon]，在弹出的对话框中选择 mains.dac 和 mains1.dac 两个文件，然后设置"Display Type"（显示方式）为"Overlay"（覆盖）、"Alter Setup"（更改设置）为"No"（参考图 3-15）。

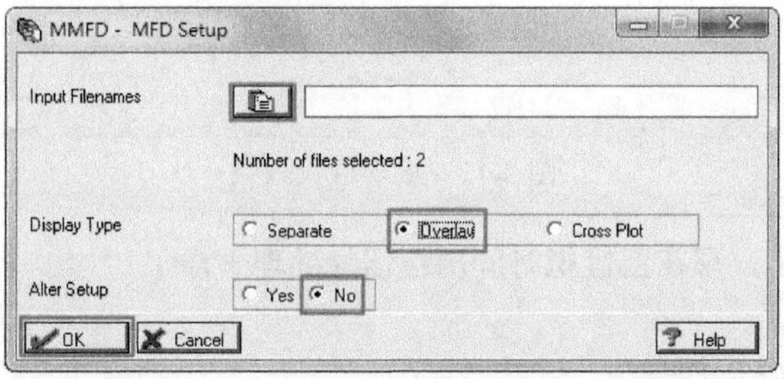

图 3-15 "MMFD - MFD Setup"对话框

单击"OK"按钮 ![icon]，弹出"MMFD - Overlay Setup"（MMFD - 覆盖设置）对话框，采用默认设置；单击"OK"按钮 ![icon]，弹出"MMFD - Y - axis Alignment"（MMFD - y 轴对齐）对话框，采用默认设置；单击"OK"按钮 ![icon]，窗口中显示出滤波前后的载荷时间历程，如图 3-16 所示。

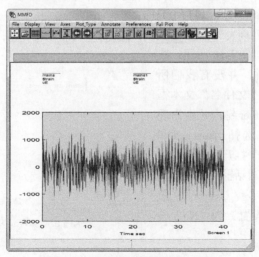

图 3-16 滤波前后的载荷时间历程

为了看得更清楚，下面进行局部放大。选择"View"（视图）下拉菜单中的"Window X"（X窗口）命令，输入一个最小值"10"，按 Enter 键，然后输入一个最大值"12"，按 Enter 键，显示效果如图 3-17 所示。

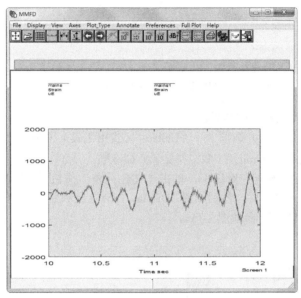

图 3-17　局部放大效果

从图 3-17 中可以看出，现在已经把时间历程信号处理干净了。

3.2.4　滤波器稳定性检查

通过比较前后的 PSD，可以迅速查看滤波器是否稳定。为了完成这一工作，首先对 mains1.dac进行 PSD 分析，生成 mains1.psd。

选择"Durability"（耐用性）选项卡下"Utilities"（实用工具）面板中"Graphical"（图形）下拉菜单中的"Milti-File Display（mmfd）"（多文件显示）命令 Milti-File Display (mmfd)　[参考图 3-19所示的"MMFD - MFD Setup"（MMFD-MFD设置）对话框]。单击"文件列表"按钮，弹出"打开"对话框，如图 3-18 所示。在该对话框中只有 DAC 文件，并没有我们所需要的 PSD 文件，此时在"文件名"文本框中输入"*.psd"，然后按 Enter 键，才会出现我们所需要的 PSD 文件。选择 mains.psd 和mains1.psd 两个文件，单击"打开"按钮，返回"MMFD - MFD Setup"对话框，然后设置"Display Type"（显示方式）为"Overlay"（覆盖）、"Alter Setup"（更改设置）为"No"参考图 3-19）。

图 3-18　"打开"对话框

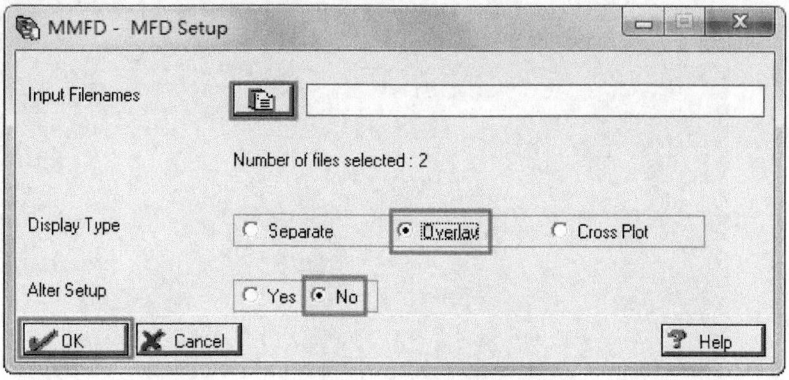

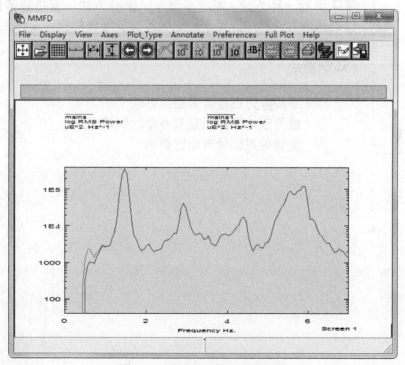

图 3-19　MFD 设置

　　单击"OK"按钮 ✔ OK ，弹出"MMFD - Overlay Setup"（MMFD - 覆盖设置）对话框，采用默认设置；单击"OK"按钮 ✔ OK ，弹出"MMFD - Y - axis Alignment"（MMFD - y 轴对齐）对话框，采用默认设置；单击"OK"按钮 ✔ OK ，可以看到两个叠加在一起的 PSD 图。选择"Axes"（轴线）下拉菜单中的"Log Y"命令（y 轴对数）。再选择"View"（视图）下拉菜单中的"Window X"（X 窗口）命令，输入一个最小值"0"，按 Enter 键，然后输入一个最大值"7"，按 Enter 键，显示效果如图 3-20 所示。

图 3-20　滤波前后的 PSD 图比较

第 **4** 章
应力疲劳分析

应力疲劳分析方法是人们尝试解决金属疲劳问题时较早采用的一种方法。100 多年来，这种方法一直是疲劳设计的基本方法，广泛用于传动轴等重要零件的疲劳设计。

/ 知识重点

- 平均应力对疲劳寿命的影响
- 疲劳缺口系数对疲劳寿命的影响
- 变载荷对疲劳寿命的影响

4.1 实例——载荷谱块的创建与疲劳寿命计算

通过本例的练习,读者可以掌握载荷谱块的创建方法,以及在一定的载荷谱条件下关于疲劳寿命的计算方法。

4.1.1 问题描述

已知某构件的 S-N 曲线为 $S^2N=2.5\times10^{10}$,若其一年内所承受的典型应力谱如表 4-1 所示,试估计其疲劳寿命。

表 4-1 构件设计载荷谱

设计载荷 P_i	循环数 $n_i/10^6$
P	0.05
$0.8P$	0.1
$0.6P$	0.5
$0.4P$	5.0

4.1.2 创建载荷谱块

1. 启动 Patran 2019 并创建新数据库文件

双击图标 ,启动 Patran 2019。单击"Home"(主页)选项卡下"Defaults"(默认)面板中的"New"(新建)按钮 ,打开"New Database"(新建数据库)对话框,在"File name"(文件名)文本框中输入文件名"block.db",单击"OK"按钮 ,创建一个新数据库文件。

2. 指定载荷谱文件名

选择"Durability"(耐用性)选项卡下"Utilities"(实用工具)面板中"Database"(数据库)下拉菜单中的"Loading(ptime)"(载荷)命令 Loading (ptime),弹出"PTIME - Database Options"(PTIME - 数据库选项)对话框,如图 4-1 所示。在弹出的对话框中选中"Block program"(模块程序)单选按钮,单击"OK"按钮 。

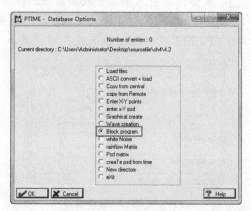

图 4-1 "PTIME - Database Options"对话框

弹出图 4-2 所示的"PTIME - Create Waveform History"(PTIME - 定义载荷谱)对话框,在该对话框中进行如下设置:在"Filename"(文件名)文本框中输入"block_load";在"Description 1"(描述 1)文本框中输入"created by wang";选择"Load type"(载荷类型)为"Pressure"(压力);选择"Units"(单位)为"MPa"(兆帕)。

图 4-2   定义载荷谱

单击"OK"按钮 ![OK] ,弹出图 4-3 所示的"PTIME - Block Program Definition"(PTIME - 定义载荷谱块)对话框,选中"Amplitude"(振幅)单选按钮,然后单击"OK"按钮 ![OK] ,弹出图 4-4(a)所示的对话框,开始进行载荷谱块的定义。

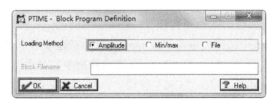

图 4-3   "PTIME - Block Program Definition"对话框

3. 定义载荷谱块

按照图 4-4(a)所示进行设置,单击"OK"按钮 ![OK] ,完成第一个载荷谱块的定义。重复上述步骤,分别定义第 2 ~ 4 个载荷谱块,设置分别如图 4-4(b)~(d)所示。

单击"OK"按钮 ![OK] ,屏幕提示输入第 5 个载荷谱块的信息,由于不存在第 5 个谱块,因此载荷谱的幅值、均值和循环次数保留为空,如图 4-4(e)所示;单击"Cancel"(取消)按钮 ![Cancel] 后,弹出图 4-5 所示的"PTIME - Database Options"对话框。

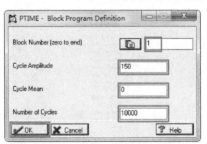

(a)定义第 1 个载荷谱块

图 4-4   载荷谱块的设置

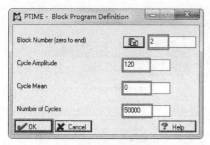
（b）定义第 2 个载荷谱块

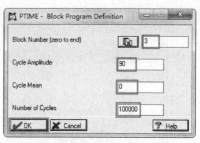
（c）定义第 3 个载荷谱块

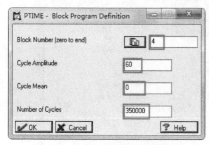
（d）定义第 4 个载荷谱块

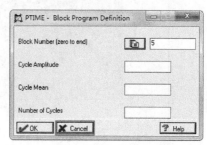
（e）定义第 5 个载荷谱块

图 4-4　载荷谱块的设置（续）

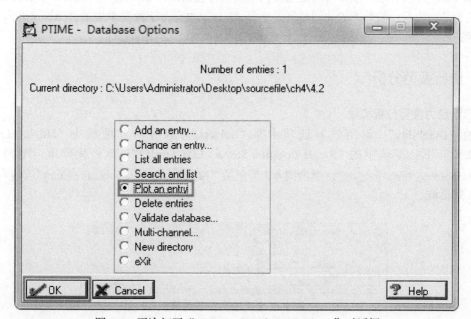

图 4-5　再次打开"PTIME - Database Options"对话框

4. 显示整个目标载荷谱

在弹出的对话框中选中"Plot an entry"（绘制图幅）单选按钮，然后单击"OK"按钮 ✔ OK ，弹出"PTIME - Database Entry Plotting"（PTIME - 绘制数据库图幅）对话框，继续单击"OK"按钮 ✔ OK ，绘出 4 个谱块的载荷时间历程，如图 4-6 所示。

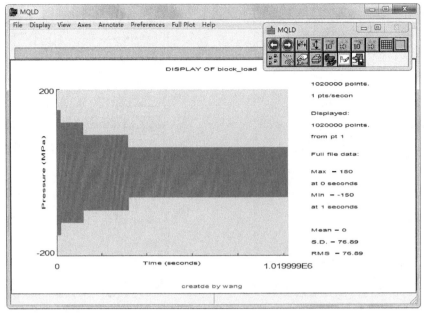

图4-6　绘出的4个载荷谱块时间历程

从图4-6中可以看出，载荷谱明显地分为4块，幅值越高，频次越少；相反，幅值越低，频次越多，这也是一般目标载荷谱的共同特征。选择"File"（文件）下拉菜单中的"Exit"（退出）命令，结束显示。

4.1.3　进行疲劳分析

1. 启动应力疲劳分析模块

选择"Durability"（耐用性）选项卡下"Solvers"（求解器）面板中"Single - Location"（单一载荷）下拉菜单中的"Single Location Stress - Life（mslf）"（单一载荷压力寿命）命令 Single Location Stress-Life (mslf)，弹出图4-7所示的"MSLF - Fatigue Jobname Entry"（输入疲劳分析名称）对话框。

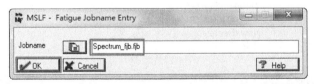

图4-7　输入疲劳分析名称

输入文件名"Spectrum_fjb.fjb"，创建一个疲劳分析工作文件，如图4-7所示。fjb文件是可以选择和修改的，这一点对用户非常有用，因为用户可以选择旧的文件进行分析，并修改其中的一些参数设置。fjb文件中包含了曾经使用过的所有信息。

2. 指定疲劳分析文件

单击"OK"按钮 ✓ OK ，弹出提示对话框，如图4-8所示；单击"Yes"按钮 Yes ，弹出"MSLF - Service Loading Environment"（载荷信息）对话框，设置如图4-9所示。

（1）Internal Units（内部单位）=MPa stress。

（2）Filename（文件名）设为 BLOCK_LOAD.DAC。

（3）其他选项采用默认设置。

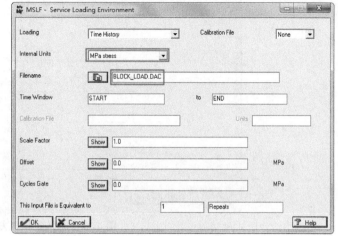

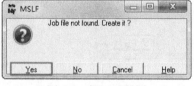

图 4-8　提示对话框

图 4-9　载荷信息对话框

3. 定义疲劳分析选项

单击"OK"按钮 ![OK]，弹出"MSLF - Model parameters"（模型参数）对话框，如图 4-10 所示。在本例中，由于没有给出 P-S-N 曲线，给出的仅仅是 S-N 曲线，因此在"% Certainty of Survival"（存活率）文本框中输入"50.0"，在"Analysis Method"（解析法）中选中"Component S-N"（构件 S-N 曲线）单选按钮，在"Miners Constant"（Miners 常数）文本框中输入"1"，在"Damage assignment"（损伤分析）中选中"Standard"（标准方法）单选按钮。

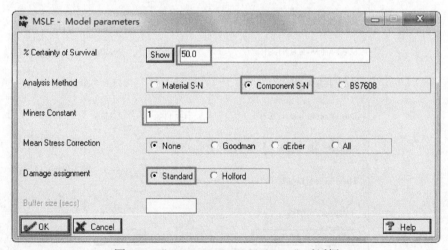

图 4-10　"MSLF - Model parameters"对话框

单击"OK"按钮 ![OK]，弹出图 4-11 所示的"MSLF-Component S-N Analysis"（MSLF - S-N 曲线解析）对话框，开始 S-N 曲线的具体定义。

4. 定义 S-N 曲线

在图 4-11 所示的对话框中进行设置。

在"Entry Method"（进入方法）中选中"Enter"单选按钮。

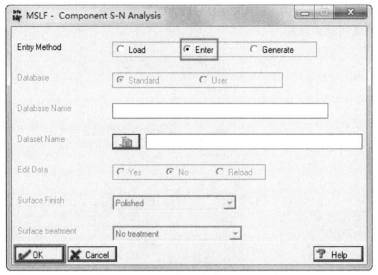

图 4-11   选择进入方法

然后单击"OK"按钮 ![OK] ，弹出图 4-12 所示的"MSLF-S-N Data Entry"（MSLF - S-N 数据输入）对话框。

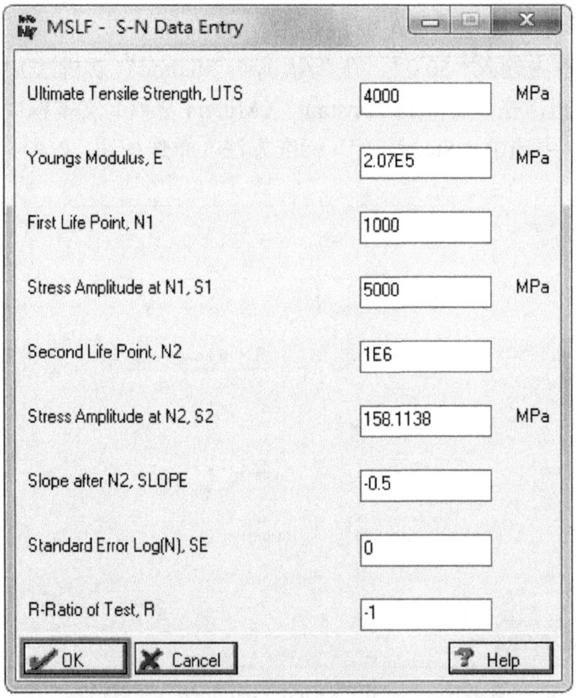

图 4-12   "MSLF - S-N Data Entry"对话框

从图 4-12 可以看出，S-N 曲线的定义需要 9 个参数，这与我国疲劳分析行业对 S-N 曲线的常用表达方式有所不同，下面对其各个参数进行详细解释。在 MSC Fatigue 中，把疲劳特性曲线分为 3 段来描述，如图 4-13 所示。一般第一段定义在（0，10^3），第二段定义在（10^3，10^6），第三段定义在（10^6，$+\infty$）。第一段是水平直线，认为疲劳应力不能超过 S_1，斜率 $b_2 < b_1$。

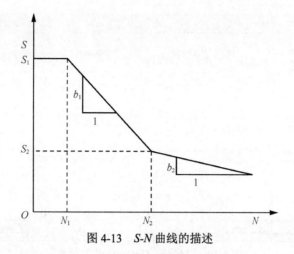

图 4-13　$S\text{-}N$ 曲线的描述

对于本例给出的 $S\text{-}N$ 曲线 $S^2N=2.5\times10^{10}$，需要先求出（S_1，N_1）和（S_2，N_2）两个点。

①把 $N_1=1000$ 代入 $S\text{-}N$ 曲线可得

$$S_1=\sqrt{\dfrac{2.5\times10^{10}}{1000}}=5000\,(\text{MPa})$$

所以，对图 4-13 中第 1 个点的参数进行如下设置。

First Life Point, N_1（第一寿命点）：1000。

Stress Amplitude at N_1, S_1（S_1、N_1 的应力振幅）：5000MPa。

②把 $N_2=1000000$ 代入 $S\text{-}N$ 曲线可得

$$S_2=\sqrt{\dfrac{2.5\times10^{10}}{10^6}}=158.1138\,(\text{MPa})$$

所以，对图 4-13 中第 2 个点的参数进行如下设置。

Second Life Point , N_2（第二寿命点）：1E6。

Stress Amplitude at N_2, S_2（S_2、N_2 的应力振幅）：158.1138MPa。

对 $S\text{-}N$ 曲线取对数，可得

$$2\lg S+\lg N=10+\lg 2.5$$

所以

$$\lg S=-0.5\lg N+5+0.5\lg 2.5$$

这里我们将 $S\text{-}N$ 曲线用一段直线来描述，所以 $b_1=b_2=-0.5$。在图 4-12 中进行如下设置。

Slop after N_2, SLOPE(N_2后斜坡)：-0.5。

由于题中只是给出 $S\text{-}N$ 曲线的公式，并未给出应力比，我们认为给出的 $S\text{-}N$ 曲线是在对称载荷下试验得到的，所以设置"R-Ratio of test，R"（测试比率）为"-1"。

在这里，由前面对于载荷的定义可以看出，最大疲劳载荷的幅值是 150MPa，我们认为其小于断裂极限，所以断裂强度的设置只要大于 150MPa 即可。只要设置在大于 150MPa 范围内，对计算结果就不会产生影响，因而这里设置"Ultimate Tensile Strength, UTS"（极限抗拉强度）为"4000MPa"。

单击"OK"按钮 ，完成 $S\text{-}N$ 曲线的设置，这时弹出"MSLF-Geometry"（疲劳系数修正）对话框，如图 4-14 所示。

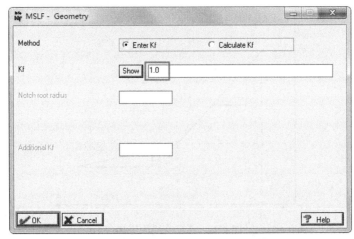

图 4-14 "MSLF - Geometry" 对话框

5. 疲劳系数修正

由于本例只进行简单的名义应力疲劳分析，不考虑疲劳系数，所以将"K_f"设为"1.0"。

单击"OK"按钮 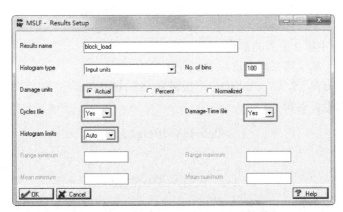，弹出"MSLF-Results Setup"（结果设置）对话框。

6. 结果设置及显示

"MSLF-Results Setup"（结果设置）对话框如图 4-15 所示。这里最需要引起关注的是"No.of bins"选项，它是指在雨流计数过程中将载荷时间历程划分的区间数目，其大小直接影响到疲劳损伤的计算精度。由于本例的结果是计数后得到的，为提高计算精度，因此应该将"No.of bins"设置得大一些（如 100）。

图 4-15 "MSLF - Results Setup" 对话框

疲劳损伤按实际损伤进行计算，并要求创建计数结果文件和损伤时间历程文件，载荷直方图采用默认选项，所以进行如下设置。

Damage units（损坏单位）：Actual。

Cycles file（循环文件）：Yes。

Damage-time file（损坏时间文件）：Yes。

Histogram limits（直纹图限制）：Auto。

单击"OK"按钮 ，开始疲劳计算。计算完后，弹出图 4-16 所示的"MSLF-Time Series Single S..."（结果总结）对话框。

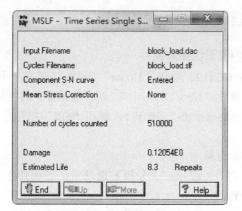

图 4-16　结果总结

从图 4-16 可以看出，"Damage"（损伤）为"0.12054E0"；"Estimated Life"（估计寿命）为"8.3 Repeats"，即为 8.3 年。

4.2　实例——基于名义应力法的零部件疲劳分析

通过本例的练习，读者可以进一步理解零部件 *S-N* 曲线概念，学会如何将材料输入到数据库中、确定部件是否能满足它的设计寿命、载荷与结构破坏概率的对应关系，以及如何进行敏度分析和优化设计。

4.2.1　问题描述

一支架的设计寿命为 7 年（61320 小时），如图 4-17 所示。载荷作用在焊接短截面的端部，组件主梁的两个端面被约束。已知破坏发生在焊接处，作用在模型上的载荷总计 408.23kg。在工作状态下，组件经历有限元载荷方向的载荷为 1360.78kg，在相反方向的载荷为 3175.15kg。这种载荷每 30 分钟发生一次，要求只有 4%破坏率。

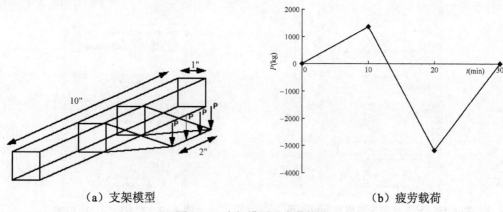

（a）支架模型　　　　　　　　　　（b）疲劳载荷

图 4-17　支架模型及疲劳载荷

本例中需要的有限元模型为 MSC Nastran 的计算结果文件 bracket.op2。在开始以前，应先将需要的文件"bracket.op2"从配套资源 :\sourcefile（源文件）复制到当前工作目录。

4.2.2 导入有限元模型和查看应力分析结果

1. 启动 Patran 2019 并创建新数据库文件

双击图标 🔳，启动 Patran 2019。单击"Home"（主页）选项卡下"Defaults"（默认）面板中的"New"（新建）按钮 🔲，弹出"New Database"（新建数据库）对话框，在"File name"（文件名）文本框中输入文件名"bracket_comp.db"（支架），单击"OK"按钮 ⬛ OK ⬛，创建一个新数据库文件。

2. 导入有限元模型及分析结果

单击软件界面中最上方的"Analysis"（分析）选项卡，右侧弹出"Analysis"（分析）选项卡，如图 4-18 所示，进行如下设置。

Action（处理）：选择"Access Results"（访问结果）。

Object（对象）：选择"Read Output2"（读取 op2 文件）。

Method（方法）：选择"Both"（两者），表示读取模型及结果。

单击"Select Results File..."（选择结果文件）按钮 ⬛ Select Results File... ⬛，浏览并选择结果文件"bracket.op2"（支架），单击"OK"按钮 ⬛ OK ⬛，最后单击"Apply"（应用）按钮 ⬛ Apply ⬛，将有限元模型及分析结果导入。

3. 查看应力分析结果

单击软件界面中最上方的"Results"（结果）选项卡，右侧弹出"Results"（结果）选项卡，如图 4-19 所示，进行如下设置。

图 4-18 导入有限元模型及分析结果

图 4-19 查看应力分析结果

Action（处理）：选择"Create"（创建）。

Object（对象）：选择"Quick Plot"（快速绘图）。

Select Result Cases（选择结果案例）：选择"Default,Static Subcase"（默认，静态子库）。

Select Fringe Result（选择条纹结果）：选择"Stress Tensor,"（应力张量）。

Quantity（值）：选择"Max Principal"（最大主应力）。

设置完后，单击"Apply"（应用）按钮 Apply 。此时支架结构的应力分析云图如图 4-20 所示。

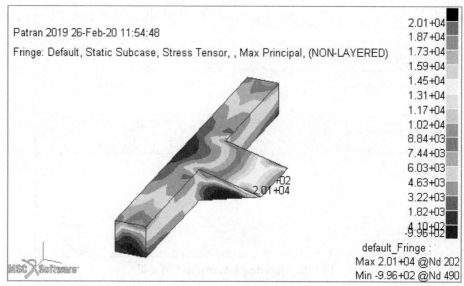

图 4-20　应力分析云图

4.2.3　进行疲劳分析

1. 设置疲劳分析方法

单击软件界面中最上方的"Durability"（耐用性）选项卡，弹出"MSC.Fatigue"（疲劳分析）选项卡，如图 4-21 所示，在该选项卡中进行如下设置。

Analysis（分析）：选择"S-N"。

Results Loc.（锁定结果）：选择"Node"（节点）。

Nodal Ave.（节点主道）：选择"Global"（全局）。

Res．Units（结果单位）：选择"PSI"。

Solver（求解器）：选择"Classic"（经典）。

Jobname（32 chrs max）（作业名称）：设置为"comp-sn"。

Title（80 chrs max）（标题）：设置为"Component S-N Analysis"（构件 *S-N* 曲线分析）。

2. 设置疲劳载荷

（1）创建载荷时间历程文件。

①单击"Loading Info..."（载荷信息）按钮 Loading Info... ，弹出"Loading Information"（载荷信息）对话框，如图 4-22 所示。

图 4-21　"MSC.Fatigue"
选项卡

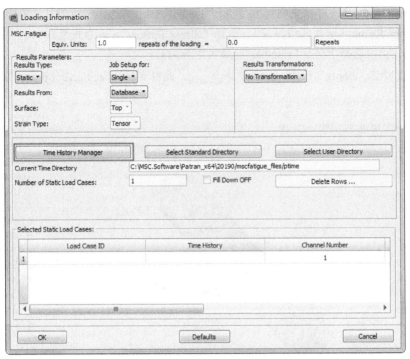

图 4-22 "Loading Information"对话框

②单击"Time History Manager"（时间历程管理器）按钮 ，弹出 "PTIME - Database Options"（PTIME- 数据库选项）对话框，如图 4-23 所示。

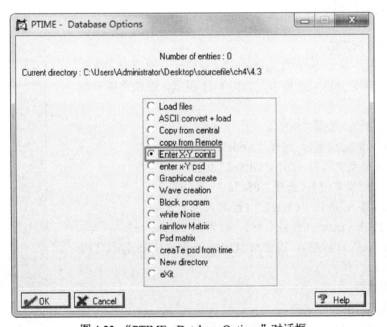

图 4-23 "PTIME - Database Options"对话框

③在该对话框中选中"Enter X-Y points"（输入 X-Y 点）单选按钮作为载荷输入方式，单击"OK" 按钮 ，弹出"PTIME - Load X-Y Data"（PTIME - 加载 X-Y 数据）对话框，如图 4-24 所示。

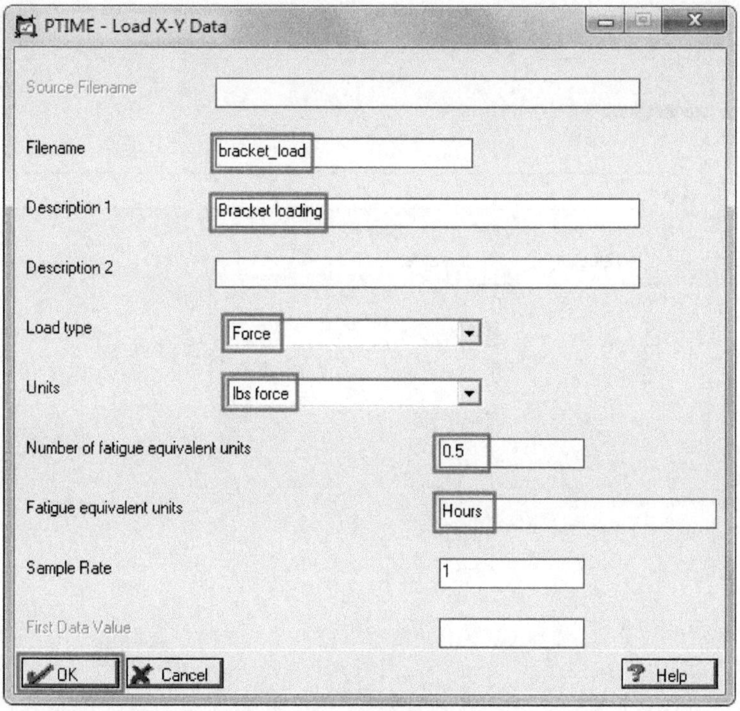

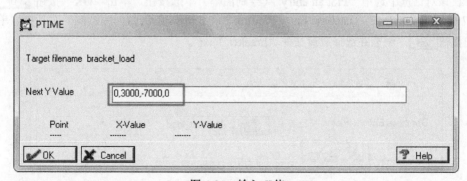

图 4-24　设置疲劳载荷

在该对话框中进行如下设置。

File name（文件名）：输入"bracket_load"（支架负载）。

Description1（描述 1）：输入"Bracket loading"（支架负载）。

Load type（负载类型）：选择"Force"（力）。

Units（单位）：选择"lbs force"（磅）。

Number of fatigue equivalent units（疲劳当量单位数量）：输入"0.5"。

Fatigue equivalent units（疲劳当量单位）：输入"Hours"（小时）。定义一个此信号的单一事件代表 1/2 小时。

④单击"OK"按钮  ，弹出"PTIME"对话框，在该对话框的"Next Y Value"（下一个 Y 值）文本框中输入"0,3000,-7000,0"，如图 4-25 所示。

图 4-25　输入 Y 值

⑤单击"OK"按钮  ，列出 X、Y 的值，如图 4-26 所示。

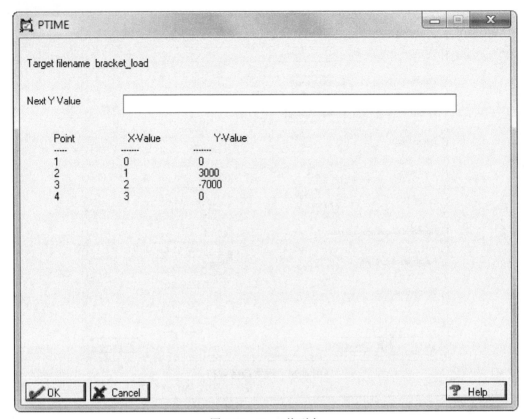

图 4-26 *X*、*Y* 值列表

提示

载荷历程中最大载荷为 3000 lbs、最小载荷为 -7000 lbs。由于没有其他的载荷信息，我们假设在这两个点之间不再有峰和谷，因此只需要输入数值"0,3000,-7000,0"即可创建此载荷。这里将 1/2 小时作为疲劳分析的等效单位。本例当然可以使用 30 分钟、1/2 小时、1/48 天等作为等效单位，但是最好选择能代表产品寿命的合适的单位。

⑥单击"OK"按钮 ，然后单击"End"（结束）按钮 ，返回到图 4-23 所示的对话框。在该对话框中选中"Plot an entry"（绘制图幅）单选按钮，单击"OK"按钮 ，弹出图 4-27 所示的"PTIME - Database Entry Plotting"（PTIME - 绘制数据库图幅）对话框，单击"文件列表"按钮 ，浏览并选择载荷文件"bracket_load"。

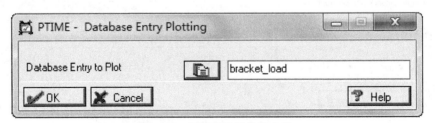

图 4-27 浏览并选择载荷文件

⑦单击"OK"按钮 ，绘出图 4-28 所示的载荷曲线图。

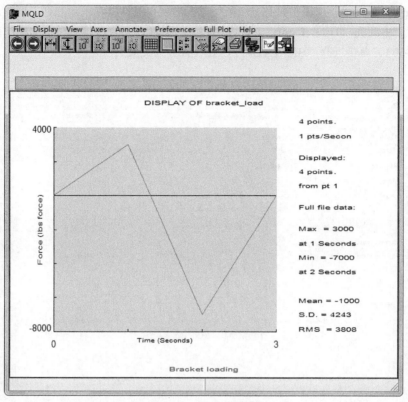

图 4-28　载荷曲线图

⑧选择"File"(文件)下拉菜单中的"Exit"(退出)命令,关闭绘图窗口,返回到图 4-23 所示的对话框。

⑨在该对话框中选中"eXit"(退出)单选按钮,单击"OK"按钮 █ OK █,关闭对话框。

(2)关联有限元载荷工况与时间历程。

返回到"Loading Information"(载荷信息)对话框,如图 4-22 所示。用户必须将刚刚创建的随时间变化的载荷与有限元载荷工况关联起来。在该对话框中单击"Selected Static Load Cases"中"Load Case ID"(载荷工况 ID)下的空白栏,对话框下部出现"Get/Filter Results…"(获取/过滤结果)按钮和"Results Parameters"(结果参数)选项,然后单击"Get/Filter Results…"(获取/过滤结果)按钮 █ Get/Filter Results… █,弹出"Results Filter"(过滤结果)对话框,如图 4-29 所示。

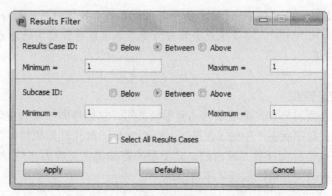

图 4-29　"Results Filter"对话框

单击"Apply"（应用）按钮，只有一个载荷工况出现在对话框左下角的列表框中。单击选择该有限元工况后，中间列"Time History"（时间历程）被激活，而且在该对话框的底部出现另外一个表格（见图4-30），单击选择"BRACKET_LOAD.DAC"（支架）。

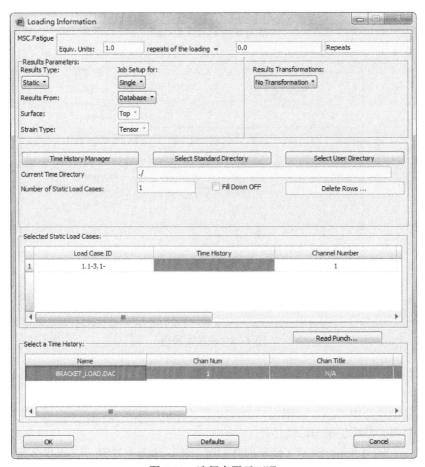

图4-30　选择有限元工况

此时"Load Magnitude"（载荷幅度）列被激活，并出现一个数据框，将默认数值"1"更改为"900"，并按Enter键。最后单击"OK"按钮 [OK] 关闭"Loading Information"（载荷信息）对话框。

注意

> 更改数值后必须按Enter键。由于有限元分析中作用的总载荷为"900lbs"，因此这里必须输入"900"，将有限元分析应力变为单位载荷作业下的应力，而时间历程代表实际的载荷。

3. 设置材料的疲劳特性

在前面的实例中使用材料 S-N 曲线是与几何不相关的，它们将局部应力与寿命关联。现在有另外一种情况，部件是在常幅状态产生的 S-N 数据，即以实际的部件几何和材料在试验中创建 S-N 曲线。这种类型的 S-N 曲线称为部件 S-N 曲线。此类型的曲线将名义应力（S）与寿命关联，并且依赖于部件的几何。如果改变几何，曲线将不再适用。

名义应力一般远离实际破坏位置。这是由于在破坏位置放置测试仪器是不可能的，例如无法在破坏点上放置应变片。本例中 *S-N* 需要的应力在离开焊接位置 1/4 英寸、与两端距离 5 英寸的主梁的一点上，使用应变片进行测量。此点是模型中的 514 号节点。测量点一般称为参考点。

（1）定义 *S-N* 曲线。

单击图 4-21 中的 "Material Info…"（材料信息）按钮 [Material Info…]，弹出 "Materials Information"（材料信息）对话框，如图 4-31 所示。

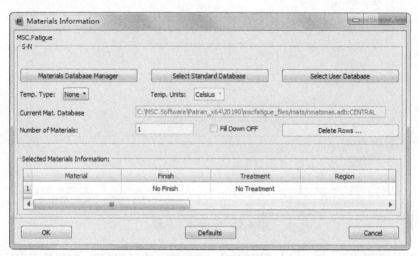

图 4-31　"Materials Information" 对话框

在该对话框中单击 "Materials Database Manager"（材料数据库管理器）按钮 [Materials Database Manager]，弹出图 4-32 所示的对话框。

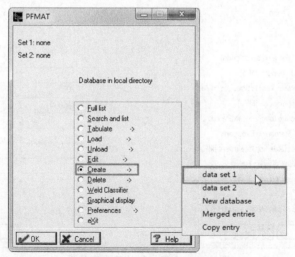

图 4-32　"PFMAT" 对话框

在该对话框中选中 "Create"（新建）单选按钮，单击 "OK" 按钮 [OK]，在弹出的菜单中选择 "data set 1"（数据集 1）选项。接下来输入数据库密码，直接单击 "OK" 按钮 [OK]，会弹出图 4-33 所示的 "PFMAT - Names"（PFMAT - 名称）对话框，进行如下设置。

Primary name（材料名称）：Br-SN-1。

其他项不是必需的，可以省略相关设置。

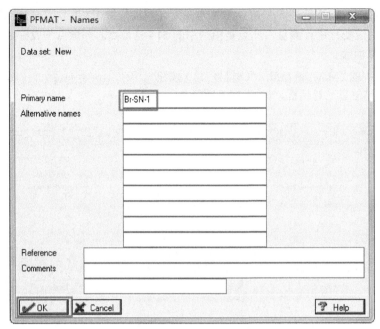

图 4-33　定义 S-N 曲线

单击"OK"按钮 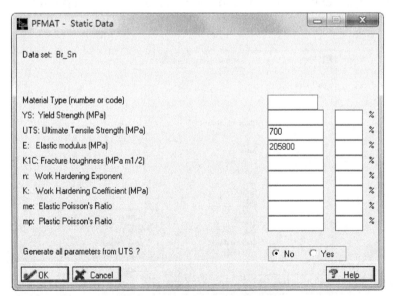 OK，进入"PFMAT - Static Data"（PFMAT - 材料静强度特性）对话框，如图 4-34 所示。

图 4-34　定义材料的静强度特性

在此对话框中进行如下设置。

UTS：Ultimate Tensile Strength（MPa）（极限抗拉强度）：输入"700"。

E：Elastic modulus（MPa）（弹性模量）：输入"205800"。

单击"OK"按钮 OK，弹出"PFMAT - E-N Data"（PFMAT - 材料应变疲劳特性）对话框，如图 4-35 所示。

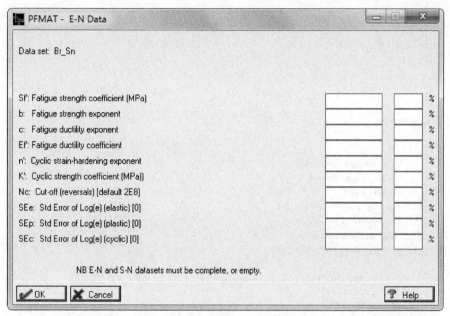

图 4-35　定义材料的应变疲劳特性

此对话框要求输入应变数据，在这里不输入任何数据，单击"OK"按钮 <u>✔ OK</u> 跳过，弹出 "PFMAT - S-N Data"（PFMAT - *S-N* 数据）对话框，如图 4-36 所示。

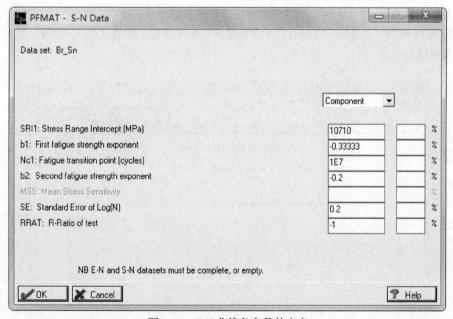

图 4-36　*S-N* 曲线各参数的定义

从下拉列表框中选择"Component"（成分分析），按照顺序输入图 4-36 中列出的公制数值，完成后单击"OK"按钮 <u>✔ OK</u>，弹出图 4-37 所示的"PFMAT - Fracture Mechanics Data"（PFMAT - 材料断裂力学特征）对话框，要求设置材料的断裂力学特征。

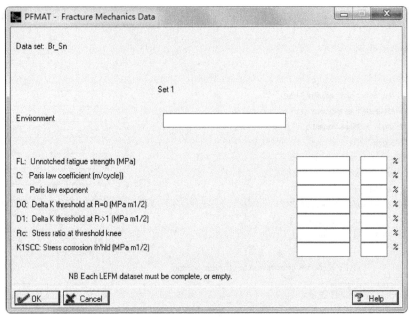

图 4-37　设置材料的断裂力学特征

单击 "OK" 按钮 ![OK]，跳过该对话框。 弹出 "PFMAT - Multiaxial Data"（PFMAT - 材料多轴疲劳特性）对话框，单击 "OK" 按钮 ![OK]，跳过该对话框，系统弹出一个提示对话框，单击 "确定" 按钮 ![确定]，返回到图 4-32 所示的对话框。

（2）显示 S-N 曲线。

选中图 4-32 中的 "Graphical display"（图形显示）单选按钮，单击 "OK" 按钮，显示出图 4-38 所示的 S-N 曲线。

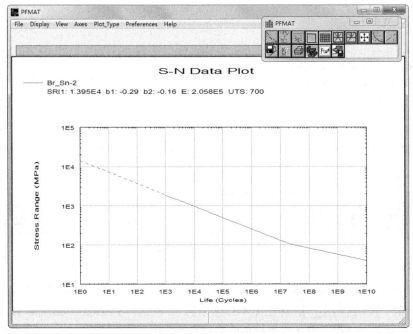

图 4-38　材料的 S-N 曲线

> **注意**
>
> *S-N* 曲线用幂指数描述，在对数坐标系中呈现为直线形式。方程为 $S=\mathrm{SRI}_1(N)b$，其中 SRI_1 是 y 的插值，b 是斜率。曲线实际上有两个斜率和一个转换点。如果第二个斜率为 0，它将表现为一个疲劳极限。

选择"File"（文件）下拉菜单中的"Exit"（退出）命令，退出绘图窗口。返回到图 4-32 所示的对话框，选中"eXit"（退出）单选按钮，单击"OK"按钮 ，退出"PFMAT"对话框。

另外一种 *S-N* 曲线数据列于表 4-2 中。在后续的分析中要使用此曲线，因此用同样方法输入数据，进而生成第二条 *S-N* 曲线 Br-Sn-2，如图 4-39 所示。

表 4-2 第二种焊接材料 *S-N* 曲线数据

特性	公制	英制
应力幅 Intercept,SRI_1	13950	2023KSI
第一疲劳强度指数 b_1	−0.29	−0.29
疲劳转换点（cycles）Nc_1	2E7	2E7
第二疲劳强度指数 b_2	−0.16	−0.16
$\log N$ 标准误差 SE	0.14	0.14
测试 R 比值 RRAT	−1	−1

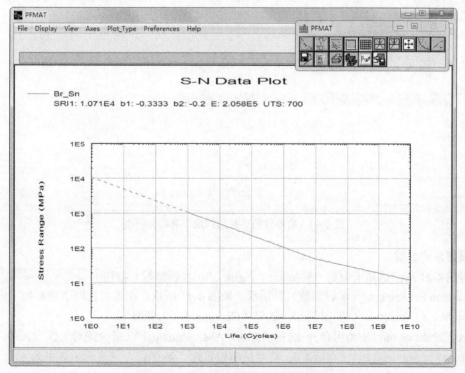

图 4-39 第二种焊接材料的 *S-N* 曲线

（3）设置材料信息。

在图 4-31 所示的对话框中单击"Material"（材料）下的空白栏，在弹出的"Select a Material"列表框中浏览并选择材料"Br-Sn-1"，进行如下设置。

Finish（加工）：选择默认的"No Finish"（不加工）。

Treatment（处理）：选择默认的"No Treatment"（不处理）。

Region（组）：选择"default_group"（默认组）。

Layer（层）：选择"1"，单击"Fill Cell"（填充单元格）按钮 Fill Cell 。

Kf（K_f 值）：使用默认值"1.0"。

设置如图 4-40 所示，单击"OK"按钮 OK ，完成材料疲劳特性设置。

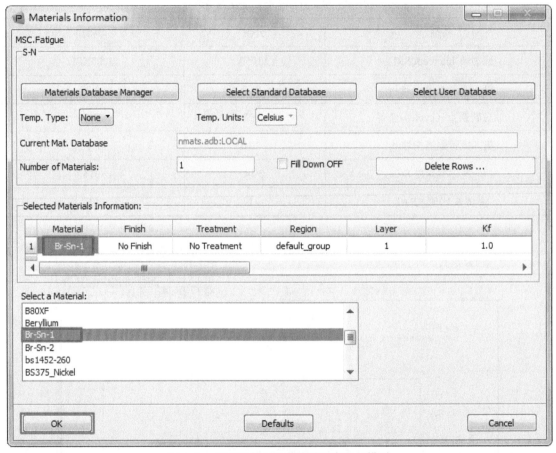

图 4-40　将零件的 *S-N* 曲线赋予有限元模型

4. 设置求解参数

单击图 4-21 所示选项卡中的"Solution Params..."（求解参数）按钮 Solution Params... ，弹出"Solution Parameters"（求解参数）对话框，如图 4-41 所示，在该对话框中进行如下设置。

Mean Stress Correction（应力校正）：选择"Goodman"（古德曼）。

Stress Combination（应力组合）：选择"Max．Abs．Principal"（最大绝对主应力）。

Certainty of Survival(％)（存活率）：将存活率设置为"96.0%"，这表示破坏率为 4%。

单击"OK"按钮 OK ，退出此对话框。

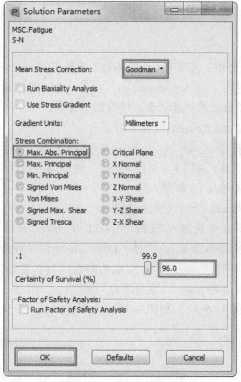

图 4-41　求解参数设置

5. 运行疲劳分析并查看进程

单击图 4-21 所示选项卡中的 "Job Control..."（作业控制）按钮 Job Control... ，弹出 "Job Control"（作业控制）选项卡，如图 4-42 所示，进行如下设置。

Action（处理）：选择 "Full Analysis"（完全分析）。

单击 "Apply"（应用）按钮 Apply ，提交分析作业。

接下来监控疲劳分析进程，在 "Job Control"（作业控制）选项卡（见图 4-43）进行如下设置。

Action（处理）：选择 "Monitor Job"（监控作业）。

单击 "Apply"（应用）按钮 Apply ，当 "Fatigue analysis completed successfully." 出现时，则表明分析完成，然后单击 "Cancel"（取消）按钮 Cancel ，关闭该选项卡。

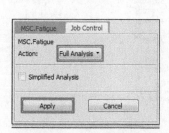

图 4-42　进行疲劳分析

图 4-43　查看计算进度

4.2.4　查看分析结果

1. 生成寿命结果云图

在"MSC.Fatigue"（疲劳分析）选项卡（见图4-21）中单击"Fatigue Results…"（疲劳结果）按钮 [Fatigue Results...]，弹出图4-44 所示的"Fatigue Results"（疲劳结果）选项卡，进行如下设置。

图4-44　读入疲劳分析结果

Action（行为）：选择"Read Results"（读取结果）。

单击"Apply"（应用）按钮 [Apply]，读入疲劳分析结果。

接下来单击"Results"(结果)选项卡（见图4-19），进行如下设置。

Action（处理）：选择"Create"（新建）。

Object（对象）：选择"Quick Plot"（快速绘图）。

Select Result Cases（选择结果案例）：选择"Total Life,comp - snfef"（总寿命）选项。

Select Fringe Result（选择条纹结果）：选择"Life（Hours）"（寿命）选项。

单击"Apply"（应用）按钮 [Apply]，生成的寿命结果云图如图4-45（a）所示。以同样方法在列表框中分别选择"Life in Repeats"（重复寿命）和"Log of Life in Repeats"（重复对数寿命），生成的寿命结果云图分别如图4-45（b）和图4-45（c）所示。

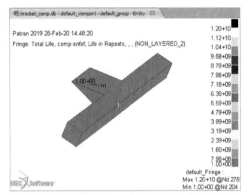

（a）疲劳寿命结果（Hours）

（b）疲劳寿命结果（Repeats）

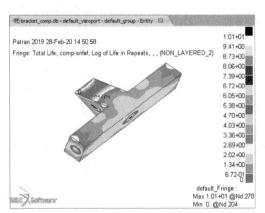

（c）　对数疲劳寿命结果

图4-45　生成的寿命结果云图

2. 寿命结果列表

单击软件界面中最上方的 "Durability"（耐用性）选项卡，弹出 "MSC.Fatigue"（疲劳分析）选项卡（见图 4-21），在该选项卡中单击 "Fatigue Results…"（疲劳结果）按钮 Fatigue Results... ，弹出 "Fatigue Results"（疲劳结果）选项卡，进行如下设置。

Action（处理）：选择 "List Results"（列出结果）。

单击 "Apply"（应用）按钮 Apply ，采用默认的文件名，单击 "OK" 按钮 OK ，弹出 "PFPOST - Preferences"（PFPOST - 参数设置）对话框，如图 4-46 所示。

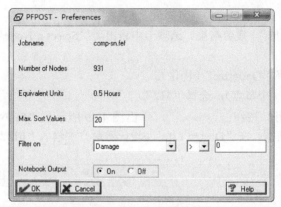

图 4-46　参数设置

采用默认设置，单击 "OK" 按钮 OK ，弹出图 4-47 所示的 "PFPOST - Options"（PFPOST - 节点选择）对话框。

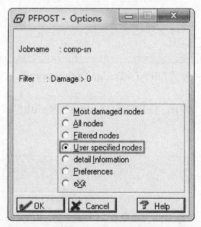

图 4-47　节点选择

在该对话框中选中 "User specified nodes"（指定节点）单选按钮，单击 "OK" 按钮 OK ，输入节点编号 "512"，单击 "OK" 按钮 OK ，疲劳寿命结果列表如图 4-48 所示。

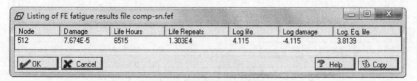

Node	Damage	Life Hours	Life Repeats	Log life	Log damage	Log. Eq. life
512	7.674E-5	6515	1.303E4	4.115	-4.115	3.8139

图 4-48　疲劳寿命结果列表

节点 512 的寿命为 1.303E4 Repeats，即 6515 小时，而要求寿命为 61320 小时，因此未满足要求。单击"Cancel"（取消）按钮 ✖ Cancel ，返回到图 4-47 所示的对话框，选中"eXit"（退出）单选按钮，单击"OK"按钮 ✔ OK ，退出"PFPOST - Options"（PFPOST - 节点选择）对话框，返回到"Fatigue Results"（疲劳结果）选项卡。

4.2.5 疲劳优化设计

1. 参数最优化

此时，"Fatigue Results"（疲劳结果）选项卡中将出现"Select a Node"（选择一个节点）选项，然后进行如下设置。

Action（处理）：选择"Optimize"（优化）。

Select a Node（选择一个节点）：选择"512"。

单击"Apply"（应用）按钮 Apply ，弹出图 4-49 所示的"FEFAT - Design Optimisation"（FEFAT - 设计优化）对话框，在"Design Life"（设计寿命）中输入"61320"。

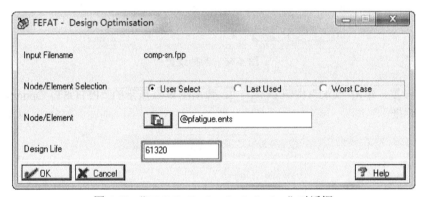

图 4-49 "FEFAT - Design Optimisation"对话框

单击"OK"按钮 ✔ OK ，弹出"FEFAT - Analysis Results"（FEFAT - 分析结果）对话框，如图 4-50 所示。

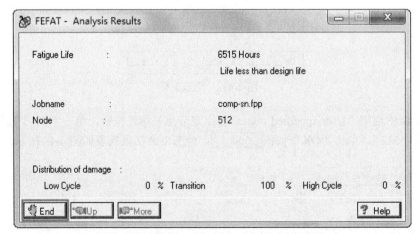

图 4-50 "FEFAT - Analysis Results"对话框

单击"End"（结束）按钮 <img_1>End ，弹出"FEFAT - Design Optimisation"（FEFAT - 设计优化）对话框，如图 4-51 所示。

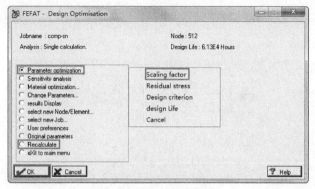

图 4-51　优化参数选择

在该对话框中选中"Parameter optimization"（参数最优化）单选按钮，单击"OK"按钮 OK ，在弹出的菜单中选择"Scaling factor"（换算系数）选项，然后选中"Recalculate"（重新计算）单选按钮。选择完毕后，单击"OK"按钮 OK ，弹出"FEFAT - Scaling Factor Calculation"（FEFAT - 比例因子计算）对话框，得到比例因子为 0.5022，如图 4-52 所示。

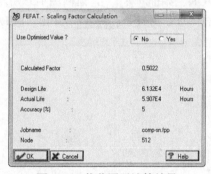

图 4-52　载荷因子计算结果

由这个结果可知，如果将 61320 小时作为寿命要求，极限载荷就要减小约为初始载荷的 50%，当然我们无法接受此结果。说明需要采用另外的焊接技术，重新进行分析。经过试验，得到另外一组焊接技术的 S-N 曲线数据，即前面生成的 Br-Sn-2 曲线。

单击"OK"按钮 OK ，返回"FEFAT - Design Optimisation"（FEFAT - 设计优化）对话框，如图 4-53 所示。

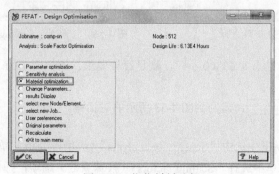

图 4-53　优化材料选择

在该对话框中选中"Material optimization..."（材料优化）单选按钮，单击"OK"按钮
✔ OK ，弹出"FEFAT - Data Set Selection"（FEFAT - 选择材料）对话框，如图 4-54 所示。

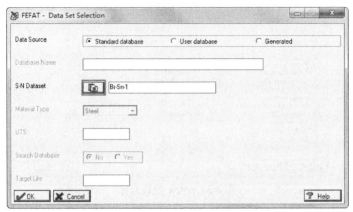

图 4-54 "FEFAT - Data Set Selection"对话框

单击"文件列表"按钮 📄，弹出图 4-55 所示的"FEFAT - Design Optimisation"（FEFAT - 材
料选择）对话框，进行材料选择。选择"Br-Sn-2"选项，选择后单击"OK"按钮 ✔ OK ，返回
到图 4-54 所示的对话框。单击"OK"按钮 ✔ OK ，返回图 4-53 所示的对话框。选中"Recalculate"
（重新计算）单选按钮，然后单击"OK"按钮 ✔ OK ，弹出"FEFAT - Scaling Factor Calculation"
对话框，如图 4-56 所示。

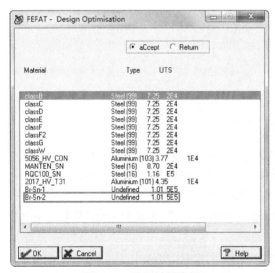

图 4-55 进行材料选择

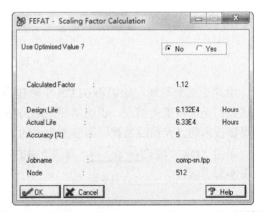

图 4-56 "FEFAT - Scaling Factor Calculation"对话框

计算得到的疲劳寿命结果为 63300 小时，满足设计要求，比例因子为 1.12。这意味着此焊接部
件可以承受 10% 的过载。

单击"OK"按钮 ✔ OK ，返回到图 4-53 所示的对话框。

2. 灵敏度分析

在图 4-53 所示的对话框中选中"Sensitivity analysis"（灵敏度分析）单选按钮，单击"OK"按
钮 ✔ OK ，在弹出的菜单中选择"Scaling factors"（换算系数）选项，弹出图 4-57 所示的对话框。

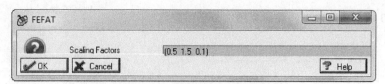

图 4-57 灵敏度分析参数设置

在"Scaling Factors"(换算系数)中输入"(0.5 1.5 0.1)",单击"OK"按钮 ![OK],返回到图 4-53 所示的对话框,在该对话框中选中"Recalculate"(重新计算)单选按钮,再单击"OK"按钮 ![OK],弹出图 4-58 所示的对话框,其为比例因子结果。

Scale Factor	Life (Hours)
0.5	1.25E6
0.6	6.44E5
0.7	3.67E5
0.8	2.24E5
0.9	1.45E5
1	9.73E4
1.1	6.78E4
1.2	48567
1.3	35638
1.4	26683
1.5	20327

图 4-58 比例因子结果列表

单击"End"(结束)按钮 ![End],关闭此对话框,返回到图 4-53 所示的对话框。

在该对话框中选中"results Display"(显示结果)单选按钮,在弹出的菜单中选择"Sensitivity plot"(灵敏度绘图)选项,如图 4-59 所示。

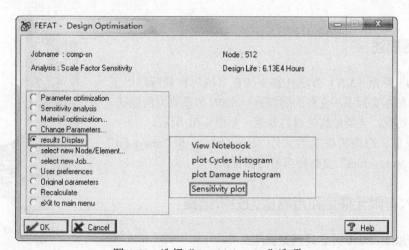

图 4-59 选择"Sensitivity plot"选项

弹出图 4-60 所示的对话框，显示灵敏度分析结果。

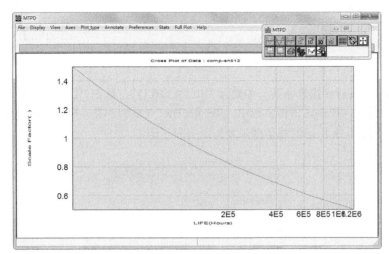

图 4-60　灵敏度分析结果

从图 4-60 中可以看出此焊接部件对载荷的灵敏度。选择"File"（文件）下拉菜单中的"Exit"（退出）命令，返回到图 4-53 所示对话框，选中"eXit to main menu"（退出主菜单）单选按钮，单击"OK"按钮 ，退出"FEFAT -Design Optimisation"对话框。

4.2.6　分析总结

部件 *S-N* 分析方法是寿命预测领域最宏观的手段。所有的破坏机制都被考虑到部件 *S-N* 曲线中，包括塑性、几何的影响、残余应力、表面状态等。当破坏机制未知或不是很清楚时，建议使用此方法。此方法是一种非常通用的方法。

4.3　实例——支架的应力疲劳分析

4.3.1　问题描述

使用应力 - 寿命（*S-N*）方法计算支架在常幅对称载荷作用下的疲劳寿命。在本实例中，支架的端部有一 500N 的垂直方向载荷，横梁两端固定约束，支架结构的材料是钢，如图 4-61 所示。

在开始以前，应先将需要的文件"bracket.rst"和"ansys.fin"从配套资源":\sourcefile\"复制到当前工作目录。

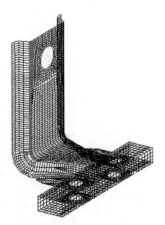

图 4-61　支架模型

4.3.2　导入有限元模型和查看应力分析结果

1. 启动 Patran 2019 并创建新数据库文件

双击图标 ，启动 Patran 2019。单击"Home"（主页）选项卡下"Defaults"（默认）面板中

的"New"(新建)按钮 🔲，弹出"New Database"(新建数据库)对话框，在"File name"(文件名)
文本框中输入文件名"bracket.db"(支架)，单击"OK"按钮 ![OK]，创建一个新数据库文件。

2. 导入有限元模型及分析结果

在主菜单中选择"Preferences"(参数)→"Analysis"(分析)命令，弹出图 4-62 所示的"Analysis
Preference"(分析参数)选项卡，进行如下设置。

Analysis Code(分析代码)：选择"ANSYS 5"。

单击"OK"按钮 ![OK]，完成分析代码的设置。

单击软件界面中最上方的"Analysis"(分析)选项卡，右侧弹出"Analysis"(分析)选项卡，
如图 4-63 所示，进行如下设置。

Action(处理)：选择"Read Results"(读取结果)。

Object(对象)：选择"Both"(两者)，表示读取模型及结果。

Method(方法)：选择"Attach"(附加)。

单击"Select Results File"(选择结果文件)按钮 ![Select Results File]，浏览并选择
结果文件"bracket.rst"(支架)，单击"OK"按钮 ![OK]，最后单击"Apply"(应用)按钮
![Apply]，将有限元模型及分析结果导入。

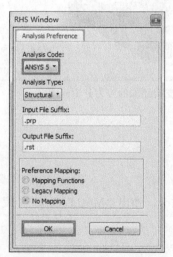

图 4-62　设置有限元分析类型

图 4-63　导入有限元模型及分析结果

3. 查看应力分析结果

单击软件界面中最上方的"Results"(结果)选项卡，右侧弹出"Results"(结果)选项卡，如
图 4-64 所示，进行如下设置。

Action（处理）：选择"Create"（创建）。

Object（对象）：选择"Quick Plot"（快速绘图）。

Select Result Cases（选择结果案例）：选择"LOAD CASE 1, Al:ITERATION 1"（加载案例 1）。

Select Fringe Result（选择条纹结果）：选择"Stress , Component"（分应力）。

Quantity（值）：选择"von Mises"（冯·米塞斯应力）。

设置完后，单击"Apply"（应用）按钮 Apply。此时支架结构的应力分析云图如图 4-65 所示。

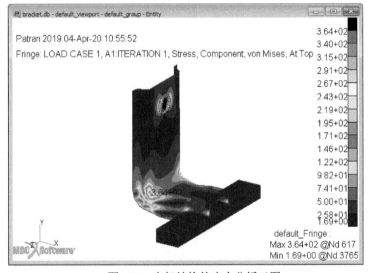

图4-64　设置查看应力分析结果　　　　　图4-65　支架结构的应力分析云图

4.3.3　进行疲劳分析

1. 设置疲劳分析方法

单击软件界面中最上方的"Durability"（耐用性）选项卡，弹出"MSC.Fatigue"（疲劳分析）选项卡，如图 4-66 所示，在该选项卡中进行如下设置。

Analysis（分析）：选择"S-N"。

Results Loc.（锁定结果）：选择"Node"（节点）。

Nodal Ave.（节点主道）：选择"Global"（完整）。

Res.Units（结果单位）：选择"MPa"（兆帕）。

Solver（求解方法）：设置为"Classic"（经典）。

Jobname（32 chrs max）（作业名）：输入作业名称"bracket-sn"（支架 -sn）。

Title（80 chrs max）（标题）：输入简要描述标题"Bracket S-N Analysis"（支架 *S-N* 分析）。

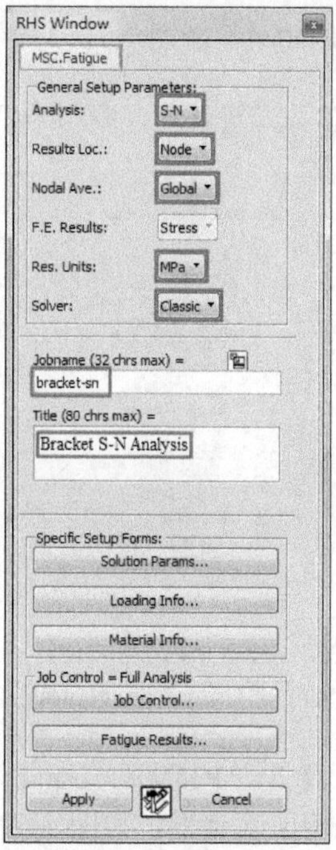

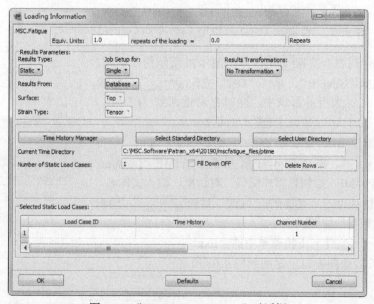

图 4-66   设置疲劳分析方法

2. 设置疲劳载荷

（1）定义疲劳载荷。

①单击"Loading Info…"（载荷信息）按钮 [Loading Info…]（见图 4-66），弹出"Loading Information"（载荷信息）对话框，如图 4-67 所示。

图 4-67   "Loading Information"对话框

②单击"Time History Manager"（时间历程管理器）按钮 [Time History Manager]，弹出"PTIME - Database Options"（PTIME - 数据库选项）对话框，在该对话框中选中"Copy from central"（从中心数据库复制）单选按钮，如图 4-68 所示。

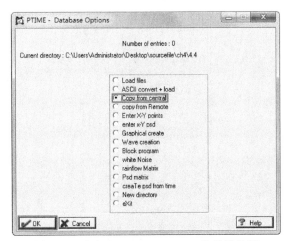

图 4-68　选中"Copy from central"单选按钮

③单击"OK"按钮 [✔ OK]，弹出"PTIME - Database Entry Copy from Central Database"（PTIME - 从中心数据库复制数据库条目）对话框，如图 4-69 所示，要求输入数据库名称。

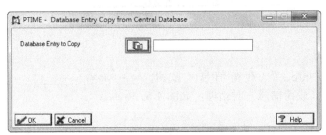

图 4-69　"PTIME - Database Entry Copy from Central Database"对话框

④单击"文件列表"按钮 [📁]，弹出图 4-70 所示的对话框，在该对话框中选择"SINE01"，单击"OK"按钮 [✔ OK]，将单位正弦函数信号复制到当前目录中，同时自动返回到"PTIME - Database Options"（PTIME - 数据库选项）对话框。

⑤在该对话框中选择"Plot an entry"（绘制图幅）选项，单击"OK"按钮 [✔ OK]，弹出图 4-71 所示的"PTIME - Database Entry Plotting"（PTIME - 绘制数据库图幅）对话框，输入文件名。

图 4-70　PTIME 数据库

⑥此处采用默认设置，直接单击"OK"按钮 [✔ OK]，绘制出图 4-72 所示的载荷曲线图。

⑦选择"File"（文件）下拉菜单中的"Exit"（退出）命令，关闭绘图窗口，返回到图 4-68 所示的对话框。

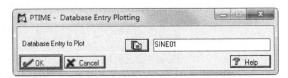

图 4-71　选择载荷时间历程

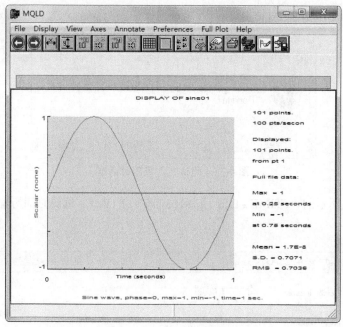

图 4-72　载荷历程显示

⑧在该对话框中选中"Change an entry…"（更改图幅）单选按钮，单击"OK"按钮 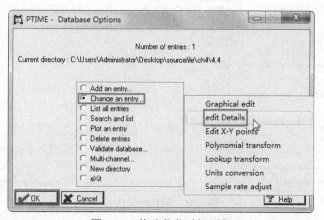，在弹出的菜单中选择"edit Details"（编辑详细信息）选项，如图 4-73 所示。

图 4-73　修改载荷时间历程

⑨弹出图 4-74 所示的对话框，采用默认设置，单击"OK"按钮 。

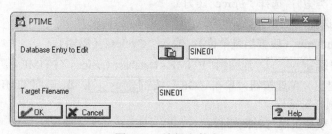

图 4-74　编辑文件名

⑩弹出图 4-75 所示的提示对话框，单击"Yes"按钮 ⎣Yes⎦，允许覆盖原有文件。

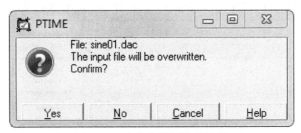

图 4-75　确认文件覆盖对话框

⑪ 弹出图 4-76 所示的"PTIME - Edit Time History"（PTIME - 编辑时间历程）对话框，进行如下设置。

图 4-76　编辑时间历程

Description 1（描述 1）：采用默认的"Sine wave , phase = 0 , max =1, min=-1 , time = 1 sec. "。

Description 2（描述 2）：输入载荷说明信息，例如"Created by Wang"。

Load type（负载类型）：选择"Force"（力）。

Units（单位）：选择"Newtons"（牛顿）。

Fatigue equivalent units（疲劳当量单位）：输入"Cycles"（周期）。

⑫ 单击"OK"按钮 ⎣✔OK⎦，返回到"PTIME - Database Options"（PTIME - 数据库选项）对话框。

选中"eXit"（退出）单选按钮，单击"OK"按钮 ⎣✔OK⎦，退出"PTIME - Database Options"（PTIME - 数据库选项）对话框。

（2）关联有限元载荷工况与时间历程。

返回到"Loading Information"（载荷信息）对话框，如图 4-67 所示。用户必须将刚刚创建的随时间变化的载荷与有限元载荷工况关联起来。

在该对话框中单击"Selected Static Load Cases"中"Load Case ID"（载荷工况 ID）列下的空白栏，对话框下部出现"Get/Filter Results…"（获取/过滤结果）按钮，如图4-77所示，进行有限元结果选择。

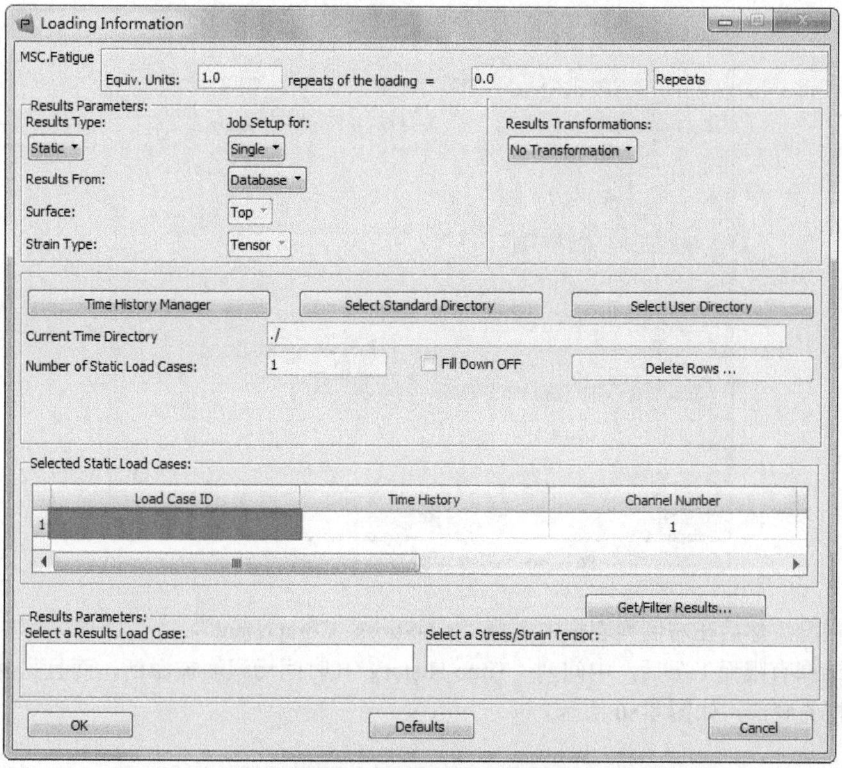

图 4-77　载荷信息对话框

单击"Get/Filter Results…"（获取 / 过滤结果）按钮 Get/Filter Results... ，弹出"Results Filter"（过滤结果）对话框，如图 4-78 所示。勾选"Select All Results Cases"（选择所有结果案例）复选框，然后单击"Apply"（应用）按钮 Apply ，只有一个载荷工况"2.1-LOAD CASE 1,A1:ITERATION 1"出现在左下角的"Results Parameters"（结果参数）栏中，如图 4-79 所示。

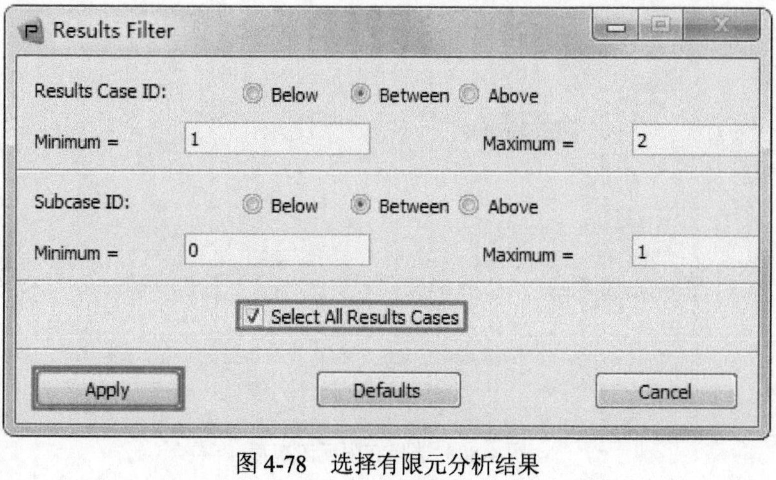

图 4-78　选择有限元分析结果

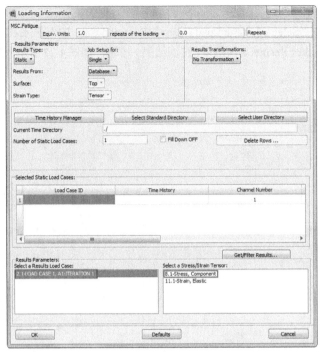

图 4-79　列表有限元分析结果工况

选择此工况，然后在右侧列表框中选择"8.1-Stress，Component"。

成功地选择有限元工况后，中间列"Time History"（时间历程）被激活，而且另外一个表格出现在该对话框的底部，如图 4-80 所示。

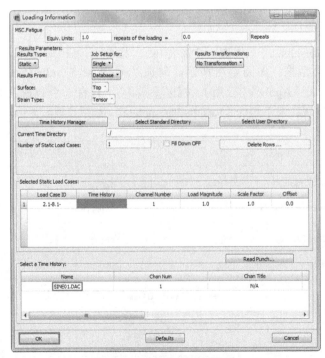

图 4-80　选择有限元工况后

选择"SINE01.DAC",其他采用默认设置,单击"OK"按钮 OK ,关闭对话框。

3. 设置材料的疲劳特性

(1) 定义材料的疲劳特性。

在"MSC.Fatigue"(疲劳分析)选项卡中单击"Material Info…"(材料信息)按钮 Material Info… ,弹出"Materials Information"(材料信息)对话框,如图 4-81 所示。

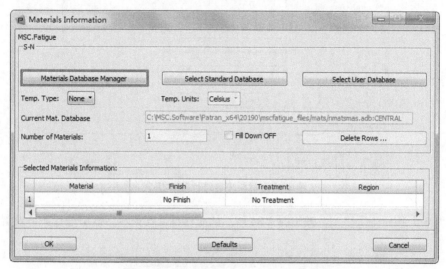

图 4-81 "Materials Information"对话框

单击"Materials Database Manager"(材料数据库管理器)按钮 Materials Database Manager ,弹出图 4-82 所示的对话框。

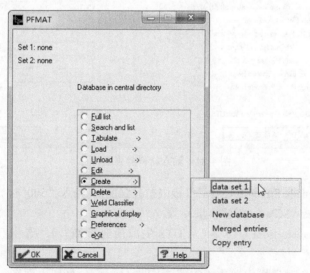

图 4-82 "PFMAT"对话框

在该对话框中选中"Create"(新建)单选按钮,单击"OK"按钮 OK ,在弹出的菜单中选择"data set 1"(数据集1)选项,在弹出的对话框中直接单击"OK"按钮 OK ,系统弹出图 4-83 所示的"PFMAT - Names"(PFMAT - 名称)对话框。在"Primary name"(主要名称)文本框中输入材料名称"general_steel"(普碳钢)。其他项不是必需的,可以省略。

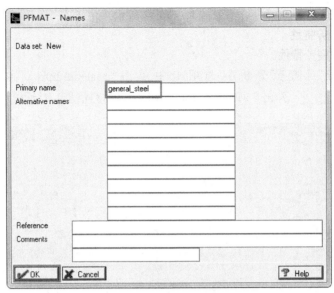

图 4-83　材料疲劳特性基本信息

单击"OK"按钮 ![OK]，弹出图 4-84 所示的对话框，在该对话框中进行如下设置。

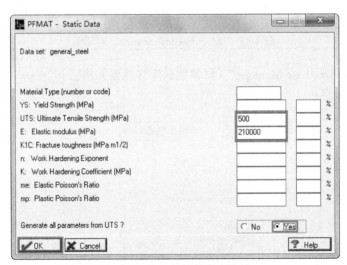

图 4-84　输入材料静强度特性

UTS：Ultimate Tensile Strength（MPa）（极限抗拉强度）：输入"500"。

E：Elastic modulus（MPa）（弹性模量）：输入"210000"。

Generate all parameters from UTS ?（从 UTS 生成所有参数？）：选中"Yes"单选按钮。

在后续弹出的各个对话框中单击"OK"按钮 ![OK]，直到出现图 4-85 所示的确认对话框，提示生成的通用 S-N 曲线已经保存在数据库中。

单击"确定"按钮 ![确定]，返回到图 4-82 所示的对话框，选中"Graphical display"（图形显示）单选按钮，单击"OK"按钮 ![OK]，弹出图 4-86 所示的对话框。

图 4-85　确认对话框

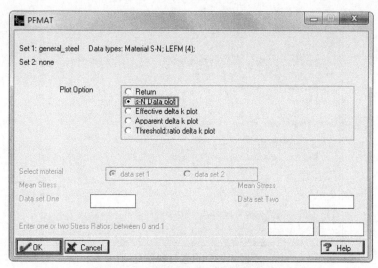

图 4-86　设置绘制材料特性曲线的参数

在该对话框中选中"s-N Data plot"（*S-N* 数据曲线）单选按钮，单击"OK"按钮 ，此时材料"general_steel"（普碳钢）的 *S-N* 曲线如图 4-87 所示。

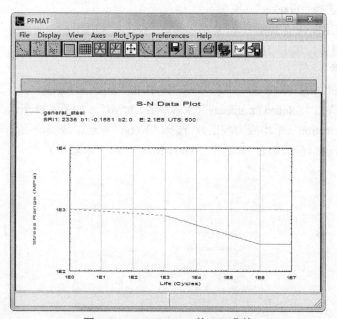

图 4-87　general_steel 的 *S-N* 曲线

选择"File"（文件）下拉菜单中的"Exit"（退出）命令，关闭绘图窗口，返回到图 4-82 所示的"PFMAT"对话框。

选中"eXit"单选按钮，然后单击"OK"按钮 ，返回到"Materials Information"（材料信息）对话框。

（2）将材料的疲劳特性和有限元模型关联。

单击"Selected Materials Information"中"Material"（材料）下的空白栏，浏览并选择材料"general_steel"（普碳钢），如图 4-88 所示。

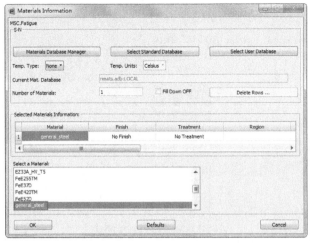

图 4-88　设置材料信息

接下来进行如下设置。

Finish（加工）：采用默认的"No Finish"（不加工）。

Treatment（处理）：采用默认的"No Treatment"（不处理）。

Region（组）：选择"bracket"（支架）。

Kf（K_f 值）：使用默认值 1.0。

其他采用默认设置，单击"OK"按钮 [OK]，退出材料信息对话框。

4. 设置求解参数

在"MSC.Fatigue"（疲劳分析）选项卡中单击"Solution Params…"（求解参数）按钮 [Solution Params…]，弹出"Solution Parameters"（求解参数）对话框，如图 4-89 所示，然后进行如下设置。

Mean Stress Correction（平均应力校正）：选择"None"（无），表示不进行平均应力校正。

Stress Combination（应力组合）：选择"Von Mises"（冯·米塞斯）。

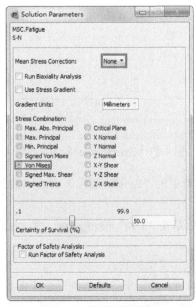

图 4-89　设置求解参数

设置完成后，单击"OK"按钮 ，退出此对话框。

5. 运行疲劳分析

在"MSC.Fatigue"选项卡中单击"Job Control…"（作业控制）按钮 Job Control... ，
弹出"Job Control"（作业控制）选项卡，如图 4-90 所示，进行如下设置。

Action（处理）：选择"Full Analysis"（完全分析）。

单击"Apply"（应用）按钮 Apply ，提交分析作业。提示栏中
出现"$# Job bracket-sn has been submitted"（支架分析已提交），表示提
交已经完成。

接下来监视疲劳分析进程，在图 4-90 所示的选项卡中进行如下设置。

Action（处理）：选择"Monitor Job"（监控作业）。

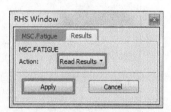

图 4-90　作业控制选项卡

单击"Apply"（应用）按钮 Apply ，当"Fatigue analysis completed successfully"（疲劳分
析成功完成）出现，则表明分析完成。

分析完成后，单击"Cancel"按钮（取消） Cancel ，关闭该选项卡。

4.3.4　查看分析结果

1. 生成寿命结果云图

在"MSC.Fatigue"选项卡中单击"Fatigue Results…"（疲劳结果）
按钮 Fatigue Results... ，进入"Fatigue Results"（疲劳结果）
选项卡，如图 4-91 所示，进行如下设置。

Action（处理）：选择"Read Results"（读取结果）。

单击"Apply"（应用）按钮 Apply ，读入疲劳分析结果，
如图 4-92 所示。

图 4-91　"Fatigue Results"选
项卡

图 4-92　读入疲劳分析结果

单击软件界面中最上方的"Results"（结果）按钮，右侧弹出"Results"（结果）选项卡，如图
4-93 所示，进行如下设置。

Action（处理）：选择"Create"（新建）。

Object（对象）：选择"Quick Plot"（快速绘图）。

Select Result Cases（选择结果案例）：在列表框中选择"Total Life , bracket-snfef"（支架疲劳分析总寿命）选项。

Select Fringe Result（选择条纹结果）：在列表框中选择"Life（Cycles），"（寿命周期）。

单击"Apply"（应用）按钮 ，生成的疲劳寿命结果云图如图 4-94 所示。

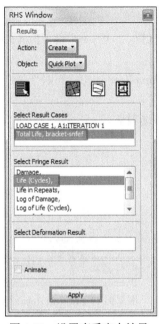

图 4-93　设置查看应力结果

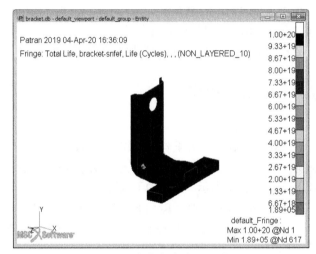

图 4-94　疲劳寿命结果云图

2. 寿命结果列表

单击软件界面中最上方的"Durability"（耐用性）选项卡，弹出"MSC.Fatigue"选项卡，在该选项卡中单击"Fatigue Results…"（疲劳结果）按钮 [　Fatigue Results...　] ，进入相应选项卡，进行如下设置。

Action（处理）：选择"List Results"（列出结果）。

单击"Apply"按钮（应用） [　Apply　] ，弹出"PFPOST - Jobname Definition"（PFPOST - 定义作业名称）对话框，如图 4-95 所示，采用默认的文件名 bracket-sn。

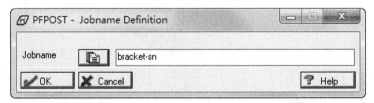

图 4-95　"PFPOST - Jobname Definition"对话框

单击"OK"按钮 [OK] ，弹出"PFPOST - Preferences"（PFPOST - 参数设置）对话框，如图 4-96 所示，进行如下设置。

Filter on（打开过滤器）：选择"Damage"（损坏）。

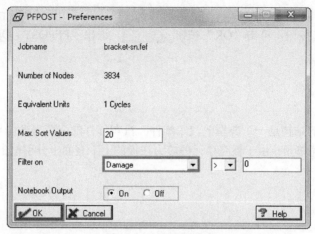

图 4-96　过滤器设置

单击"OK"按钮 <u>✓ OK</u> ，弹出图 4-97 所示的"PFPOST - Options"（PFPOST - 节点选择）对话框，选中"Most damaged nodes"（损坏最严重的节点）单选按钮。

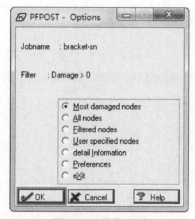

图 4-97　节点选项

单击"OK"按钮 <u>✓ OK</u> ，疲劳寿命结果列表如图 4-98 所示。注意，节点 617、2119 和 2125 的寿命值都为 1.889E5 cycles。

Node	Damage	Life Cycles	Life Repeats	Log life	Log damage	Log. Eq. life
617	5.295E-6	1.889E5	1.8887E5	5.2762	-5.2762	5.2762
2119	5.295E-6	1.889E5	1.8887E5	5.2762	-5.2762	5.2762
2125	5.295E-6	1.889E5	1.8887E5	5.2762	-5.2762	5.2762
623	4.091E-6	2.444E5	2.4445E5	5.3882	-5.3882	5.3882
618	3.127E-6	3.198E5	3.1979E5	5.5049	-5.5049	5.5049
624	3.127E-6	3.198E5	3.1979E5	5.5049	-5.5049	5.5049
2121	3.127E-6	3.198E5	3.1979E5	5.5049	-5.5049	5.5049
2127	3.127E-6	3.198E5	3.1979E5	5.5049	-5.5049	5.5049
621	2.362E-6	4.233E5	4.2328E5	5.6266	-5.6266	5.6266
2126	2.362E-6	4.233E5	4.2328E5	5.6266	-5.6266	5.6266

图 4-98　疲劳寿命结果列表

单击"Cancel"（取消）按钮 ✗ Cancel ，退出列表窗口，返回到图 4-97 所示的对话框。

选中"eXit"单选按钮，单击"OK"按钮 ✔ OK ，退出"PFPOST - Options"（PFPOST - 节点选择）对话框。

4.3.5 分析总结

事实上，此例中的结构是一个典型的汽车零件，汽车部件的疲劳寿命分析在汽车领域很常见。本例中的模型采用板壳单元，由于板壳单元的应力在板的上下表面上分别输出，因此选择应力时需要注意此类问题。

第 5 章
应变疲劳分析

对于循环应力水平较低（ $S_{max} < S_y$ ）、寿命长的情况，用应力 - 寿命曲线（ S-N 曲线）来描述其疲劳性能是恰当的。然而，有许多工程构件在其整个使用寿命期间，所经历的载荷循环次数并不多。在寿命较短的情况下，设计应力或应变水平可以高一些，以充分发挥材料的潜力。对于延性较好的材料，屈服后应变的变化大，应力的变化小。因此，用应变作为疲劳性能的控制参量显然更好一些。载荷水平高（超过屈服应力）、寿命短（ $N < 10^4$ ），即本章要介绍的应变疲劳，也称为低周应变疲劳。

/知识重点

- ☛ 残余应力的应变疲劳分析
- ☛ 三角支架结构的应变疲劳分析

5.1 实例——考虑到残余应力的应变疲劳分析

本节以一个注塑模具在残余应力条件下的应变疲劳分析来学习使用 MSC Fatigue 进行应变疲劳分析的过程和方法。

5.1.1 问题描述

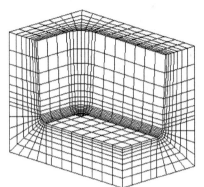

图 5-1 有限元模型

一个注塑模具在工作状态承受 12KSI 的压力作用，在倒角处出现了过早的疲劳破坏。为使其能够承受 20KSI 压力、提高疲劳寿命，这里引入了压缩残余应力。由于此模具结构具有对称性，因此只取实际结构的四分之一作为计算分析模型，如图 5-1 所示。此模具设计要求能经历 50 万次的注塑。读者可通过本例学习考虑残余应力的疲劳分析方法，并考虑平均应力对裂纹萌生的影响、表面加工和热处理对疲劳寿命的影响。

线性静态的有限元模型、分析结果及残余应力从 mold_linear.op2 和 mold_nonlin.op2 文件中获得。在有限元模型上进行两次有限元仿真分析，第一次仿真分析是针对正常注塑压力（操作压力）（12.5KSI）进行分析，第二次仿真分析是产生残余应力的超载分析（20KSl）。

在开始以前，应先将需要的文件"mold_linear.op2"和"mold_nonlin.op2"从配套资源":\sourcefile"（源文件）复制到当前工作目录中。

5.1.2 导入有限元模型和查看应力分析结果

1. 创建新数据库文件

双击图标 ，启动 Patran 2019。单击"Home"（主页）选项卡下"Defaults"（默认）面板中的"New"（新建）按钮 ，弹出"New Database"（新建数据库）对话框，在"File name"（文件名）文本框中输入文件名"mold.db"（模型），单击"OK"按钮 OK ，创建一个新数据库文件。

2. 导入有限元模型及分析结果

单击软件界面中最上方的"Analysis"（分析）选项卡，右侧弹出"Analysis"（分析）选项卡，如图 5-2 所示，进行如下设置。

Action（处理）：选择"Access Results"（访问结果）。

Object（对象）：选择"Read Output2"（读取 .op2 文件）。

Method（方法）：选择"Both"（两者），表示读取模型及结果。

单击"Select Results File..."（选择结果文件）按钮 Select Results File... ，浏览并选择结果文件"mold_linear.op2"（线性模型），单击"OK"按钮 OK ，最后单击"Apply"（应用）按钮 Apply ，将有

图 5-2 导入有限元模型及分析结果

限元模型及分析结果导入，调整观察角度后如图 5-1 所示。

接下来读入"mold_nonlin.op2"（非线性模型）文件的计算结果，在图 5-2 所示的选项卡中进行如下设置。

Method（方法）：选择"Result Entities"（结果实体）。

单击"Select Results File..."（选择结果文件）按钮 Select Results File... ，浏览并选择结果文件"mold_nonlin.op2"（非线性模型），单击"OK"按钮 OK ，最后单击"Apply"（应用）按钮 Apply ，导入非线性分析结果。

3. 查看应力分析结果

单击软件界面中最上方的"Results"（结果）选项卡，右侧弹出"Results"（结果）选项卡，如图 5-3 所示。在"Results"（结果）选项卡的"Select Result Cases"（选择结果案例）列表框内有许多结果工况，这里只注意两种工况的结果："LS_PRESSURE_12.5KPSI, Static Subcase"和"LS_PRESSURE_20KPSI_REMOVE, Non-linear：200%of Load"。第一种工况是简单的静态载荷工况，第二种工况是去掉20KSI 超载压力的残余应力工况。接下来在"Results"（结果）选项卡中进行如下设置。

Action（处理）：选择"Create"（创建）。

Object（对象）：选择"Quick Plot"（快速绘图）。

Select Result Cases（选择结果案例）：选择"LS_PRESSURE_12.5KPSI, Static Subcase。"

Select Fringe Result（选择条纹结果）：选择"Stress Tensor,"（应力张量）。

Quantity（值）：选择"von Mises"（冯·米塞斯应力）。

设置完后，单击"Apply"（应用）按钮 Apply ，此时应力图如图 5-4（a）所示。

图 5-3　查看应力分析结果

用同样的方法处理另外一个工况"LS_PRESSURE_20KPSI_REMOVE, Non-linear：200％of Load"，应力图如图 5-4（b）所示。

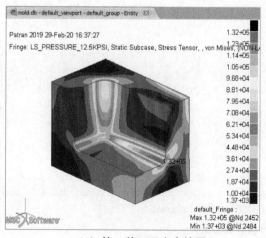
（a）第一种工况应力结果

（b）第二种工况应力结果

图 5-4　两种工况应力结果

5.1.3 不考虑残余应力的疲劳分析

1. 设置疲劳分析方法

单击软件界面中最上方的"Durability"（耐用性）选项卡，弹出"MSC.Fatigue"（疲劳分析）选项卡，如图 5-5（a）所示，在该选项卡中进行如下设置。

Analysis（分析）：选择"Initiation"（开始）。

Results Loc.（锁定结果）：选择"Node"（节点）。

Nodal Ave.（节点主道）：选择"Global"（全局）。

Res.Units（结果单位）：选择"PSI"。

Solver（求解器）：选择"Classic"（经典）。

Jobname (32 chrs max)（作业名称）：输入"mold"（模具）。

Title (80 chrs smax)（标题）：输入"Crack Initiation Analysis of Injection Mold"（注塑模具裂纹生成分析）。

2. 设置疲劳载荷

首先创建载荷。

（1）单击"Loading Info..."（载荷信息）按钮 [Loading Info...]，弹出"Loading Information"（载荷信息）对话框，如图 5-5（b）所示。

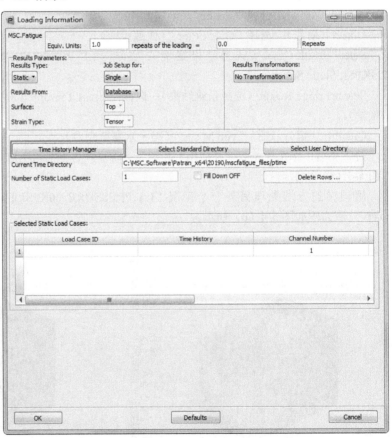

（a）疲劳分析设置界面   （b）"Loading Information"对话框

图 5-5　设置疲劳分析和疲劳载荷

（2）单击"Time History Manager"（时间历程管理器）按钮  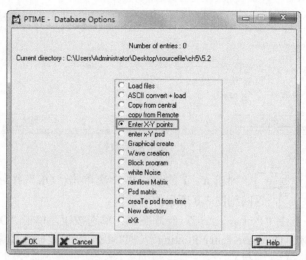 ，弹出"PTIME - Database Options"（PTIME - 数据库选项）对话框，如图 5-6 所示。选择"Enter X-Y points"（输入 *X-Y* 点）作为载荷输入方式，单击"OK"按钮，弹出"PTIME - Load X-Y Data"（PTIME - 加载 *X-Y* 数据）对话框，如图 5-7 所示，进行如下设置。

图 5-6　选择载荷输入方式

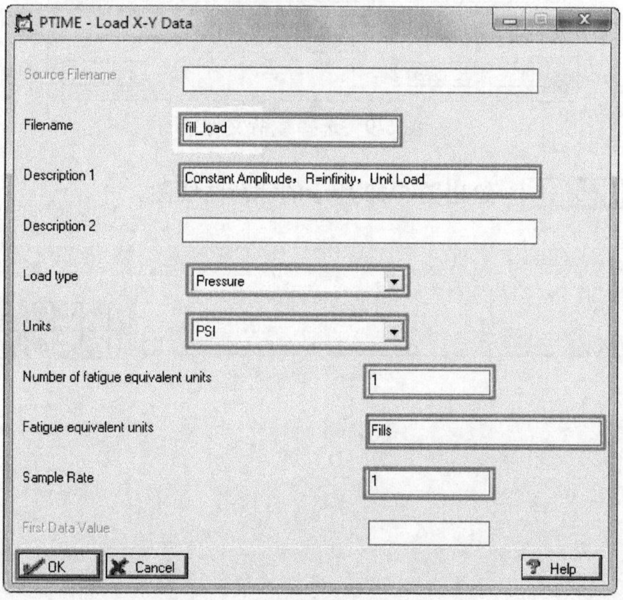

图 5-7　定义载荷文件基本信息

Filename（文件名）：输入载荷名称"fill_load"（满载）。

Description 1（描述 1）：输入载荷的简要描述"Constant Amplitude，R=infinity，Unit Load"（恒定振幅，*R* = 无穷大，单位负载）。

Load type（负载类型）：选择"Pressure"（压力）。

Units（单位）：选择"PSI"（磅 / 平方英寸）。

Number of fatigue equivalent units（疲劳当量单位数量）：输入"1"。

Fatigue equivalent units（疲劳当量单位）：输入"Fills"（填充）。定义一个循环为一个 Fill（填充）。

Sample Rate（抽样率）：输入"1"。

单击"OK"按钮 ，弹出图 5-8 所示的对话框，在该对话框中的"Next Y Value"（下一个 Y 值）文本框中输入"0, 1, 0"。

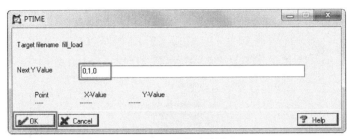

图 5-8　定义载荷数据

单击"OK"按钮 ，列出 X、Y 的值，再一次单击"OK"按钮 ，然后单击"End"（结束）按钮 ，返回到图 5-6 所示的对话框。

（3）在该对话框中选中"Plot an entry"（绘制图幅）单选按钮，单击"OK"按钮 ，弹出图 5-9 所示的"PTIME-Database Entry Plotting"（PTIME - 绘制数据库图幅）对话框，这里采用默认的载荷文件"fill_load"（满载）。

图 5-9　选择载荷文件

单击"OK"按钮 ，绘出图 5-10 所示的载荷曲线图。

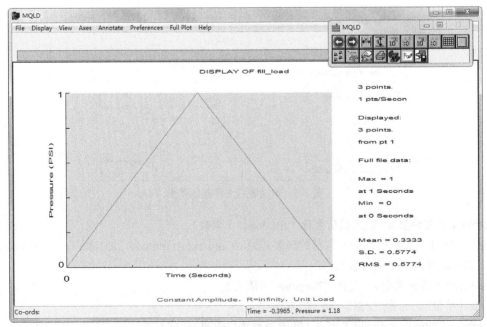

图 5-10　载荷曲线图

选择"File"（文件）下拉菜单中的"Exit"（退出）命令，关闭绘图窗口，返回到图 5-6 所示的对话框。

（4）在该对话框中选中"eXit"（退出）单选按钮，单击"OK"按钮 ![OK]，返回到图 5-5（b）所示的对话框。

接下来将疲劳载荷与有限元分析结果文件的载荷相关联。

单击"Load Case ID"（载荷工况 ID）列下的空白栏，对话框下部出现"Get / Filter Results..."（获取 / 过滤结果）按钮和"Results Parameters"（结果参数）选项，如图 5-11 所示。

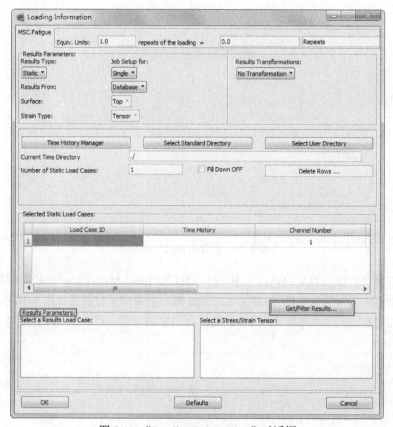

图 5-11　"Loading Information"对话框

（5）单击"Get/Filter Results..."（获取 / 过滤结果）按钮 ![Get/Filter Results...]，弹出"Results Filter"（过滤结果）对话框，如图 5-12 所示。

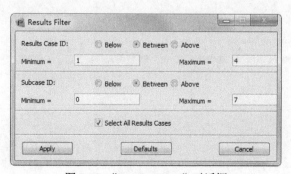

图 5-12　"Results Filter"对话框

（6）勾选"Select All Results Cases"（选择所有结果案例）复选框，单击"Apply"（应用）按钮 ，有 7 个载荷工况出现在图 5-11 左下角的列表框中。

（7）选择工况"LS_PRESSURE_12.5KPSI"后，"Time History"（时间历程）列被激活，而且另外一个表格出现在底部，如图 5-13 所示。

> **注意**　　Load Case ID 为"2.1-2.1-"，此工况与操作压力的结果关联。

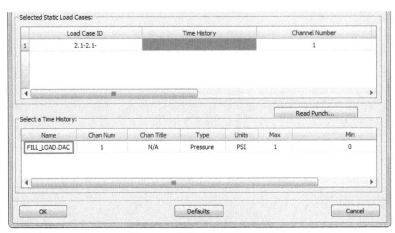

图 5-13　选择有限元工况后

（8）单击选择"FILL_LOAD.DAC"（满载），此时"Load Magnitude"（载荷幅度）列被激活，并出现一个数据框，采用默认数值"1.0"，按 Enter 键，载荷信息设置后如图 5-14 所示。

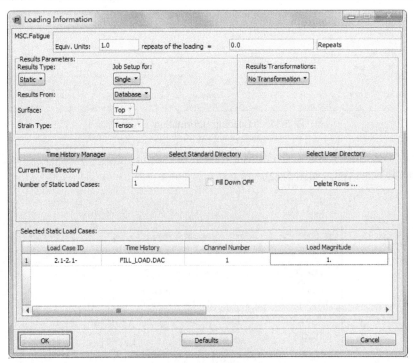

图 5-14　设置载荷信息

（9）单击"OK"按钮 OK ，关闭对话框。

3. 设置材料的疲劳特性

在"MSC.Fatigue"选项卡中单击"Material Info…"（材料信息）按钮 Material Info… ，弹出"Materials Information"（材料信息）对话框，如图 5-15 所示，进行如下设置。

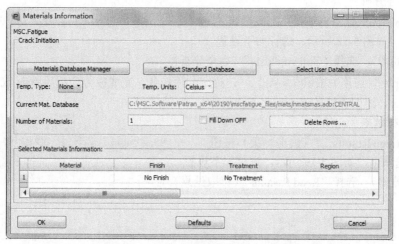

图 5-15　"Materials Information"对话框

单击"Material"（材料）列下的空白栏，浏览并选择材料"SAE4340_350A_QT"。

Finish（加工）：选择"Polished"（抛光的）。

Treatment（处理）：采用默认的"No Treatment"（不处理）。

Region（组）：选择上面创建的"default_group"（默认组）。

设置完成后如图 5-16 所示，单击"OK"按钮 OK ，关闭对话框。

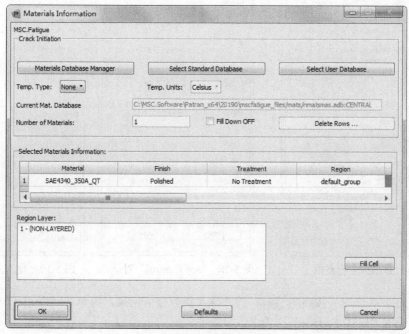

图 5-16　设置材料信息

4. 设置求解参数

单击"Solution Params…"（求解参数）按钮 [Solution Params...]，弹出"Solution Parameters"（求解参数）对话框，如图 5-17 所示。接受所有默认设置，单击"OK"按钮 [OK]，退出此对话框。

5. 运行疲劳分析

单击"Job Control…"（作业控制）按钮 [Job Control...]，弹出"Job Control"（作业控制）选项卡，如图 5-18 所示，进行如下设置。

Action（处理）：选择"Full Analysis"（完全分析）。

单击"Apply"（应用）按钮 [Apply]，提交分析作业。完成疲劳分析后单击"Cancel"（取消）按钮 [Cancel]，返回"MSC.Fatigue"选项卡。

6. 查看分析结果

单击"Fatigue Results…"（疲劳结果）按钮 [Fatigue Results...]，弹出"Fatigue Results"（疲劳结果）选项卡，如图 5-19 所示，进行如下设置。

Action（处理）：选择"Read Results"（读取结果）。

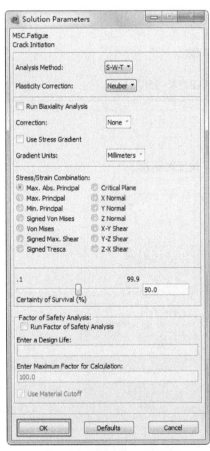

图 5-17　设置疲劳分析参数　　图 5-18　"Job Control"对话框　　图 5-19　导入疲劳分析结果

单击"Apply"（应用）按钮 [Apply]，导入疲劳分析结果，再单击"Cancel"（取消）按钮 [Cancel]，返回"MSC.Fatigue"选项卡。

单击软件界面中最上方的"Results"（结果）选项卡，在右侧弹出的"Results"（结果）选项卡中进行如下设置。

Action（处理）：选择"Create"（创建）。

Object（对象）：选择"Quick Plot"（快速绘图）。

Select Result Cases（选择结果案例）：在列表框中选择"Crack Initiation, moldfef"（引发裂纹，模具失效）选项。

Select Fringe Result（选择条纹结果）：在列表框中选择"Log of Life（Fills）"。

设置完成后，单击"Apply"（应用）按钮 ![Apply]，生成的对数寿命云图如图 5-20 所示。

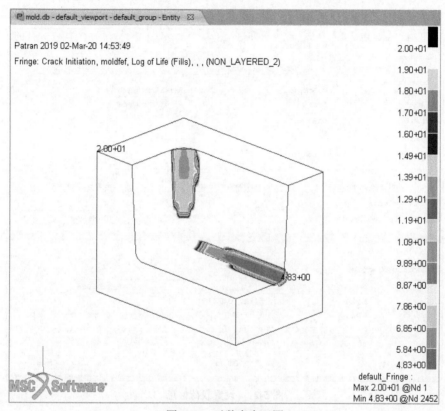

图 5-20　对数寿命云图

注意到最小的寿命为 4.83，这是以 10 为底对数的值，实际寿命值为 67600Fill。

5.1.4　考虑残余应力的疲劳分析

下面进行第二次疲劳分析，在此分析中将考察残余应力如何影响此模具的寿命。

1. 设置疲劳分析方法

单击软件界面中最上方的"Durability"（耐用性）选项卡，弹出"MSC.Fatigue"（疲劳分析）选项卡（见图 5-5（a）），然后进行如下设置。

Jobname (32 chrs max)（作业名称）：输入"residual"（剩余）。

Title (80 chrs max)（标题）：输入"Mold with Residual Stress"（带有残余应力的模具）。

保留"Solution Params..."（求解参数）和"Material Info..."（材料信息）的设置。

2. 定义残余应力

单击"Loading Info..."（载荷信息）按钮 （见图5-5(a)），弹出"Loading Information"（载荷信息）对话框，进行如下设置。

在"Number of Static Load Cases"（静态负载数量）文本框中输入"2"，然后按Enter键，下方出现两行内容。

单击"Load Case ID"（载荷工况ID）列下的空白栏，选择"4.7-LS_PRESSURE_20KPSI_REMOVE, PWLinear : 200% of Load"，在右侧第二个列表框中选择"2.1-StressTensor"，如图5-21所示。

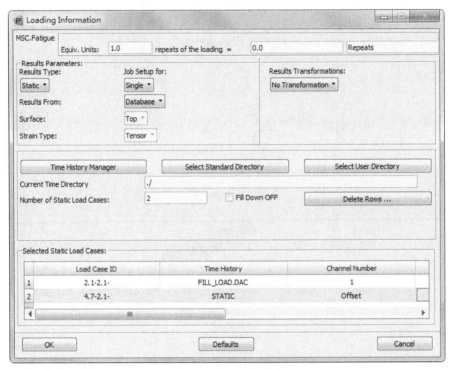

图 5-21　设置载荷信息

成功地选择载荷工况之后，中间列"Time History"（时间历程）被激活，选择"STATIC"（静力学）。

单击"OK"按钮 OK ，关闭"Loading Information"（载荷信息）对话框。

这里指定一个STATIC载荷工况进行分析，从静态载荷工况得到的应力用于弥补残余应力。

3. 运行疲劳分析

单击"Job Control..."（作业控制）按钮 Job Control... ，弹出"Job Control"（作业控制）选项卡，如图5-18所示，进行如下设置。

Action（处理）：选择"Full Analysis"（完全分析）。

单击"Apply"（应用）按钮 Apply ，提交分析作业，然后单击"Cancel"（取消）按钮 Cancel ，返回"MSC.Fatigue"选项卡。

4. 查看分析结果

首先查看疲劳寿命分布云图。

（1）单击"Fatigue Results..."（疲劳结果）按钮 Fatigue Results... （见图5-5（a）），

弹出"Fatigue Results"（疲劳结果）选项卡，进行如下设置。

Action（处理）：选择"Read Results"（读取结果）。

单击"Apply"（应用）按钮 ⌗ Apply ⌗，导入疲劳分析结果。单击"Cancel"（取消）按钮 ⌗ Cancel ⌗，返回"MSC. Fatigue"选项卡。

（2）单击软件界面中最上方的"Results"（结果）选项卡，在右侧弹出的"Results"（结果）选项卡中进行如下设置。

Action（处理）：选择"Create"（创建）。

Object（对象）：选择"Quick Plot"（快速绘图）。

Select Result Cases（选择结果案例）：在列表框中选择"Crack Initiation, residualfef"（裂纹引发，模具失效）选项。

Select Fringe Result（选择结果）：在列表框中选择"Log of Life（Fills）"（生活日志（填充））。

设置完成后，单击"Apply"（应用）按钮 ⌗ Apply ⌗，生成的对数寿命云图如图 5-22 所示。

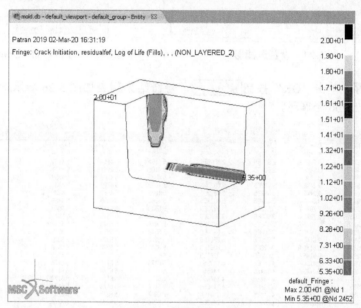

图 5-22　对数寿命云图

接下来列出疲劳寿命计算结果。

（3）单击软件界面中最上方的"Durability"（耐用性）选项卡，弹出"MSC.Fatigue"选项卡，在该选项卡中单击"Fatigue Results…"（疲劳结果）按钮 ⌗ Fatigue Results… ⌗，弹出"Fatigue Results"（疲劳结果）选项卡，进行如下设置。

Action（处理）：选择"List Results"（列出结果）。

单击"Apply"（应用）按钮 ⌗ Apply ⌗，弹出图 5-23 所示的"PFPOST - Jobname Definition"（PFPOST - 定义作业名称）对话框。

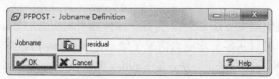

图 5-23　输入文件名

采用默认的文件名，单击"OK"按钮 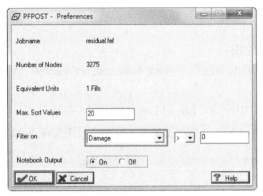，弹出"PFPOST - Preferences"（PFPOST- 参数设置）对话框，如图 5-24 所示。设置"Filter on"（打开过滤器）为"Damage"（损坏），其他采用默认设置。

单击"OK"按钮 ，弹出图 5-25 所示的"PFPOST - Options"（PFPOST - 节点选择）对话框。

图 5-24　设置过滤器　　　　　图 5-25　"PFPOST - Options"对话框

采用默认设置，单击"OK"按钮 ，寿命结果列表如图 5-26 所示。注意到节点 2452 的寿命值近似为 225200 个循环。

Node	Damage	Life Fills	Life Repeats	Log life	Log damage	Log. Eq. life
2452	4.44E-6	2.252E5	2.2523E5	5.3526	-5.3526	5.3526
2270	3.845E-6	2.601E5	2.6006E5	5.4151	-5.4151	5.4151
2448	3.845E-6	2.601E5	2.6006E5	5.4151	-5.4151	5.4151
1920	3.244E-6	3.082E5	3.0823E5	5.4889	-5.4889	5.4889
1921	3.244E-6	3.082E5	3.0823E5	5.4889	-5.4889	5.4889
2443	3.244E-6	3.082E5	3.0823E5	5.4889	-5.4889	5.4889
2631	3.244E-6	3.082E5	3.0823E5	5.4889	-5.4889	5.4889
2099	2.787E-6	3.588E5	3.5876E5	5.5548	-5.5548	5.5548
2100	2.787E-6	3.588E5	3.5876E5	5.5548	-5.5548	5.5548
2271	2.787E-6	3.588E5	3.5876E5	5.5548	-5.5548	5.5548
2451	2.787E-6	3.588E5	3.5876E5	5.5548	-5.5548	5.5548
1917	2.614E-6	3.826E5	3.8261E5	5.5828	-5.5828	5.5828
2091	2.614E-6	3.826E5	3.8261E5	5.5828	-5.5828	5.5828
2262	2.614E-6	3.826E5	3.8261E5	5.5828	-5.5828	5.5828
2096	2.413E-6	4.144E5	4.144E5	5.6174	-5.6174	5.6174
2267	2.413E-6	4.144E5	4.144E5	5.6174	-5.6174	5.6174
2634	2.413E-6	4.144E5	4.144E5	5.6174	-5.6174	5.6174
2635	2.413E-6	4.144E5	4.144E5	5.6174	-5.6174	5.6174
2255	2.373E-6	4.214E5	4.2141E5	5.6247	-5.6247	5.6247
2626	2.358E-6	4.24E5	4.2403E5	5.6274	-5.6274	5.6274

图 5-26　寿命结果列表

（4）单击"OK"按钮 ，返回到图 5-25 所示的对话框，选中"eXit"（退出）单选按钮，单击"OK"按钮 ，退出"PFPOST - Options"（PFPOST - 节点选择）对话框，返回到"Fatigue Results"（疲劳结果）选项卡。

5.1.5　平均应力对疲劳寿命的影响

与 S-N 方法一样，裂纹萌生方法（E-N）也有一些计算平均应力的方法。材料特性（循环应力 - 应变和应变 - 寿命曲线）可以从零平均应力情况下修正得到（R=-1）。本例中使用的信号有拉伸平均应力（R= ∞）。有两种平均应力修正方法，即 Smith - Watson - Topper（SWT）方法和 Morrow 方法。SWT 方法是默认方法。

在"Fatigue Results"（疲劳结果）选项卡中，进行如下设置。

Action（处理）：选择"Optimize"（最优化）。

单击"Apply"（应用）按钮 Apply ，弹出图 5-27 所示的"FEFAT - Design Optimisation"（FEFAT - 设计优化）对话框。

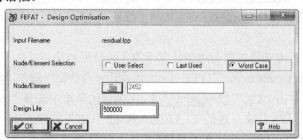

图 5-27　"FEFAT - Design Optimisation"对话框

在图 5-27 中进行如下设置。

Node/Element Selection（节点 / 单元选择）：选中"Worst Case"（最坏情况）单选按钮。

Design Life（设计寿命）：输入设计寿命"500000"（50 万次）。

单击"OK"按钮 OK ，弹出"FEFAT - Analysis Results"（FEFAT - 分析结果）对话框，如图 5-28 所示。

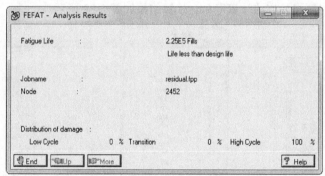

图 5-28　"FEFAT - Analysis Results"对话框

我们注意到最小的疲劳寿命近似为 225000 次，模具的寿命显然提高了很多，但是还没有达到设计目标 500000 次。

单击"End"（结束）按钮 End ，返回到"FEFAT - Design Optimisation"（FEFAT - 设计优化）对话框，如图 5-29 所示。

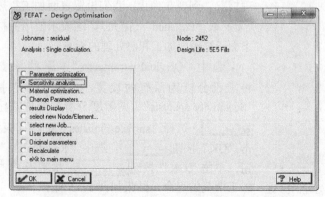

图 5-29　"FEFAT - Design Optimisation"对话框

在"FEFAT - Design Optimisation"（FEFAT - 设计优化）对话框中选中"Sensitivity analysis"（灵敏度分析）单选按钮，单击"OK"按钮 ，在弹出的菜单中选择"Mean stress correction（all）"[平均应力校正（全部）]选项，返回到"FEFAT - Design Optimisation"（FEFAT- 设计优化）对话框。

在该对话框中选中"Recalculate"（重新计算）单选按钮，单击"OK"按钮 ，重新计算，结果如图 5-30 所示。最后单击"End"（结束）按钮，返回到"FEFAT - Design Optimisation"（FEFAT-设计优化）对话框。

下面使用灵敏度分析方法研究载荷增量情况下的各种分析结果。

在"FEFAT - Design Optimisation"（FEFAT- 优化设计）对话框中选中"Sensitivity analysis"（灵敏度分析）单选按钮，单击"OK"按钮 ，在弹出的菜单中选择"Scaling factors"（换算系数）选项，在弹出的对话框中输入数值（1,3,0.2），单击"OK"按钮 ，返回到"FEFAT - Design Optimisation"（FEFAT - 设计优化）对话框。

在该对话框中选中"Recalculate"（重新计算）单选按钮，单击"OK"按钮 ，将基于 SWT 方法计算寿命，计算结果如图 5-31 所示。

单击"End"（结束）按钮，返回"FEFAT - Design Optimisation"（FEFAT- 优化设计）对话框，选中"Change Parameters"（更改参数）单选按钮，在弹出的"FEFAT - Edit Parameters"（编辑参数）对话框中设置"Mean Stress Correction"（平均应力校正）为"Morrow"（摩洛），保留其他设置，单击"OK"按钮 ；选中"Recalculate"（重新计算）单选按钮，单击"OK"按钮 ，这将基于"Morrow"（摩洛）方法计算寿命。计算结果如图 5-32 所示。

图 5-30　平均应力的影响　　图 5-31　基于 SWT 方法的计算结果　　图 5-32　基于 Morrow 方法的计算结果

图 5-33　表面加工和热处理的影响

5.1.6　表面加工和热处理对疲劳寿命的影响

MSC Fatigue 在进行分析时，可以补偿不同的表面加工和热处理情况。到现在为止，我们设置表面加工和热处理情况为"None"（无）或"Polished"（抛光），这表示使用的材料特性没有被修正。下面研究表面加工和热处理的影响。

选中"Original parameters"（原始参数）单选按钮，这将重设分析为原有的设置，单击"OK"按钮 。选中"Sensitivity analysis"（灵敏度分析）单选按钮，单击"OK"按钮 。选择"surface Finishes（all）"[表面加工（全部）]，单击"OK"按钮 。选中"Recalculate"（重新计算）单选按钮，单击"OK"按钮 ，将基于 SWT 方法计算所有表面加工情况的寿命，结果如图 5-33 所示。

如果需要继续分析，选择新的作业名称，重复以上步骤即可。为满足此注塑模具的设计寿命，我们可以选择渗氮处理和不考虑残余应力等因素。

5.1.7 分析总结

利用残余应力延长疲劳寿命是一种简单的改变平均应力的方法。残余应力可能是由加工过程或过载引起的。预应力、重力或旋转离心力产生的偏置应力也可以采用同样的方法来考虑。

5.2 实例——三脚支架结构的应变疲劳分析

本节以一个三脚支架结构来学习使用 MSC Fatigue 进行应变疲劳分析的过程和方法，理解循环硬化/软化的概念，学习如何生成循环应力－应变和应变－寿命曲线。

5.2.1 问题描述

图 5-34 所示的三脚支架模型的 3 个支腿固定到轴上，中心圆柱端面承受幅值为 15KSI 的对称循环压力载荷。已使用 MSC Nastran 进行了载荷值为 15KSI 的线性有限元分析。

前面我们已经了解 MSC Fatigue 和疲劳全寿命分析方法。本例主要介绍和解释裂纹萌生分析方法，此方法也称为局部应变方法或应变寿命方法。模型的几何和线性静态有限元分析结果保存在文件 spiderCI.op2（三脚架）中。

在开始以前，应先将需要的文件"spiderCI.op2"（三脚架）从配套资源":\sourcefile"（源文件）复制到当前工作目录中。

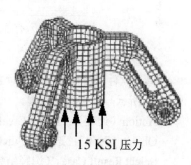

15 KSI 压力

图 5-34 计算模型

5.2.2 导入有限元模型和查看应力分析结果

1. 创建新数据库文件

双击图标 ，启动 Patran 2019。单击"Home"（主页）选项卡下"Defaults"（默认）面板中的"New"（新建）按钮 ，弹出"New Database"（新建数据库）对话框，在"File name"（文件名）文本框中输入文件名"spider.db"（三脚架），单击"OK"按钮 OK ，创建一个新数据库文件。

2. 导入模型和结果

单击软件界面中最上方的"Analysis"（分析）选项卡，右侧弹出"Analysis"（分析）选项卡，如图 5-35 所示，进行如下设置。

Action（处理）：选择"Access Results"（访问结果）。

Object（对象）：选择"Read Output2"（读取 .op2 文件）。

Method（方法）：选择"Both"（两者），表示读取模型及结果。

单击"Select Results File..."（选择结果文件）按钮 Select Results File... （见图 5-35），浏览并选择结果文件"spiderCI.op2"（三脚架），单击"OK"按钮 OK ，最后单击"Apply"（应用）按钮 Apply ，导入的模型如图 5-36 所示。

图 5-35　导入有限元模型

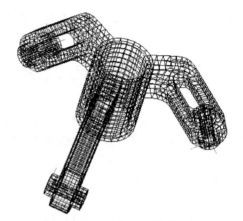

图 5-36　有限元模型

3. 查看应力分析结果

单击软件界面中最上方的"Results"（结果）选项卡，右侧弹出"Results"（结果）选项卡，如图 5-37 所示，进行如下设置。

Action（处理）：选择"Create"（创建）。

Object（对象）：选择"Quick Plot"（快速绘图）。

Select Result Cases（选择结果案例）：选择"Default, Static Subcase"（默认，静态子库）。

Select Fringe Result（选择条纹结果）：选择"Stress Tensor,"（应力张量）。

Quantity（值）：选择"von Mises"（冯·米塞斯应力）。

设置完后单击"Apply"（应用）按钮 　Apply　，此时显示出三脚架的应力云图，如图 5-38 所示。

图 5-37　"Results"选项卡

图 5-38　应力云图

5.2.3　进行疲劳分析

1. 设置疲劳分析方法

单击软件界面中最上方的"Durability"（耐用性）选项卡，弹出"MSC.Fatigue"（疲劳分析）选项卡，如图 5-39 所示，进行如下设置。

Analysis（分析）：选择"Initiation"（开始）。

Results Loc.（锁定结果）：选择"Node"（节点）。

Nodal Ave.（节点主道）：选择"Global"（全局）。

Res.Units（结果单位）：选择"PSI"。

Solver（求解器）：选择"Classic"（经典）。

Jobname（32 chrs max）（作业名称）：输入作业名称"spider-ci"。

Title（80 chrs max）（标题）：输入简要描述标题"Crack Initiation Analysis Of Spider Model"（三脚架的裂纹萌生分析）。

2. 设置载荷信息

定义载荷随时间的变化。使用 PTIME 定义常幅正弦变化的疲劳载荷，大小为 +15KSI 至 –15KSI。

（1）单击"Loading Info..."（载荷信息）按钮 ![Loading Info...]（见图 5-39），弹出"Loading Information"（载荷信息）对话框，如图 5-40 所示。

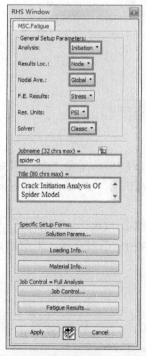

图 5-39　"MSC Fatigue"选项卡

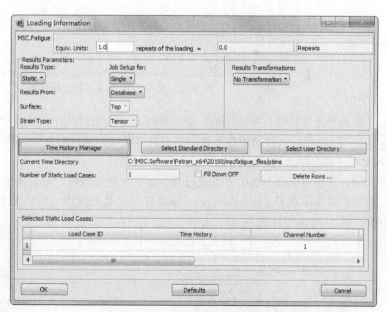

图 5-40　"Loading Information"对话框

（2）单击"Time History Manager"（时间历程管理器）按钮 ![Time History Manager]，弹出"PTIME - Database Options"（PTIME - 数据库选项）对话框，如图 5-41 所示。

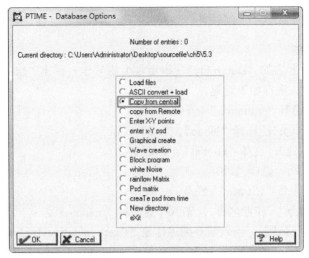

图 5-41 "PTIME - Database Options"对话框

（3）在该对话框中选中"Copy from central"（从中心数据库复制）单选按钮，单击"OK"按钮，弹出图 5-42 所示的"PTIME - Database Entry Copy from Central Database"（PTIME - 从中心数据库复制数据库条目）对话框，要求输入数据库名称。

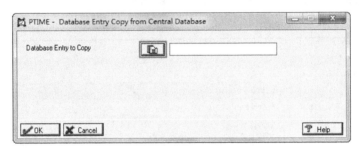

图 5-42 从中心数据库复制数据库条目

单击"文件列表"按钮，弹出图 5-43 所示的对话框，选择"SINE01"，单击"OK"按钮，将单位正弦函数信号复制到当前目录中，同时自动返回到"PTIME - Database Options"（PTIME - 数据库选项）对话框。

（4）在该对话框中选中"Change an entry"（更改图幅）单选按钮，单击"OK"按钮，在弹出的菜单中选择"edit Details"（编辑详细信息）选项，弹出图 5-44 所示的对话框，采用默认设置，单击"OK"按钮。

图 5-43 选择标准载荷 SINE 01

图 5-44 输入目标文件名

（5）然后在新弹出的对话框中单击"Yes"按钮 　Yes　，允许覆盖原有文件。接下来弹出图
5-45 所示的"PTIME - Edit Time History"（PTIME - 编辑时间历程）对话框，进行如下设置。

Description 1（描述 1）：输入任何描述，例如"Constant Ampi., Fully Reversed Sinusoidal Unit
Load"（抑制常数，完全反响正弦单位负载）。

Description 2（描述 2）：输入任何描述，例如"Created by Wang"。

Load type（负载类型）：选择"Pressure"（压力）。

Units（单位）：选择"PSI"。

Fatigue equivalent units（疲劳当量单位）：输入"Cycles"（周期）。

单击"OK"按钮 ![OK] ，返回到"PTIME - Database Options"（PTIME - 数据库选项）对话框。
这样就定义了一个等幅对称循环的压力载荷。

图 5-45　"PTIME - Edit Time History"对话框

（6）在图 5-41 所示的对话框中选中"Plot an entry"（绘制图幅）单选按钮，单击"OK"按钮
![OK] ，弹出"PTIME - Database Entry Plotting"（PTIME - 绘制数据库图幅）对话框，要求输
入文件名，此处采用默认设置，直接单击"OK"按钮 ![OK] ，即可得到图 5-46 所示的载荷曲线。

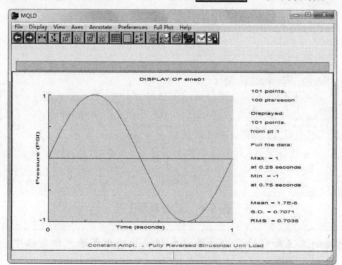

图 5-46　SINE01 载荷曲线

选择"File"(文件)下拉菜单中的"Exit"(退出)命令,关闭绘图窗口,返回到图 5-41 所示的对话框,选中"eXit"(退出)单选按钮,单击"OK"按钮,关闭对话框。

3.关联有限元载荷与时间历程

返回到"Loading Information"(载荷信息)对话框,如图 5-40 所示。用户必须将刚刚创建的随时间变化的载荷与有限元载荷工况关联起来。

(1)在该对话框中单击"Load Case ID"(载荷工况 ID)列下的空白栏,对话框下部出现"Get/Filter Results..."(获取 / 过滤结果)按钮,单击该按钮,弹出"Results Filter"(过滤结果)对话框,如图 5-47 所示。

图 5-47 "Results Filter"对话框

(2)勾选"Select All Results Cases"(选择所有结果案例)复选框,然后单击"Apply"(应用)按钮,此时只有一个载荷工况出现在左下角的列表框中。选择此工况,在右侧的列表框中选择"4.1-Stress Tensor,",如图 5-48 所示。

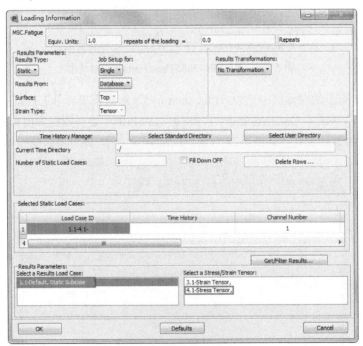

图 5-48 选择载荷工况

> **注意** 被选择的工况和它的应力结果以内部编号的方式填充到表格中。例如,数字 1.1-4.1-是内部编号,是识别结果所必需的。

（3）成功地选择有限元工况后，中间列"Time History"（时间历程）被激活，而且 Sine（正弦）载荷信息出现在底部，选择"SINE01.DAC"。

（4）此时"Load Magnitude"（载荷幅度）列被激活，并出现一个数据框，直接按 Enter 键，采用默认数值"1"。

（5）单击"OK"按钮 [OK]，关闭"Loading Information"（载荷信息）对话框。

4.设置材料的疲劳特性

下面设置材料的疲劳特性。对于全寿命疲劳分析和应变疲劳分析，设置步骤是相同的，只不过一种是选择 S - N 曲线，另一种是选择 E - N 曲线。

（1）创建组。

首先创建一个组，此组包含要分析的所有节点和单元，而不包含那些没有应力或应变结果的节点，即节点 10000 至节点 10006。

在主菜单中选择"Group"（组）→"Create"（新建）命令，弹出图 5-49（a）所示的"Group"（组）选项卡，进行如下设置。

Method（方法）：选择"Select Entity"（选择实体）。

New Group Name（新组名）：输入名称"Spider"（三脚架）。

Group Contents（组内容）：选择"Add All Geometry"（添加所有有限元）。

设置完后，单击"Apply"（应用）按钮 [Apply]，然后继续进行如下设置，如图 5-49（b）所示。

Action（处理）：选择"Modify"（修改）。

Member List to Add/Remove（要添加 / 删除的成员列表）：在图形上选择"Nodel0000：10006"，或直接输入"Node 10000：10006"，单击"-Remove-"按钮 [-Remove-]，将这些节点删除。

单击"OK"按钮 [OK]，完成组的创建。

（a）

（b）

图 5-49　创建组

103

（2）选择材料类型。

在"MSC.Fatigue"选项卡（见图5-39）中单击"Material Info..."（材料信息）按钮 ，弹出"Materials Information"（材料信息）对话框，如图5-50所示。在该对话框中单击"Material"（材料）列下的空白栏，浏览并选择材料"BS4360-50D"，并进行如下设置。

Finish（加工）：选择"Polished"（抛光）

Treatment（处理）：采用默认的"No Treatment"（不处理）。

Region（组）：选择"Spider"（三脚架）。

下面我们将在PFMAT模块中查看前面使用过的一对材料的循环应力－应变曲线。

单击"Materials Database Manager"（材料数据库管理器）按钮 Materials Database Manager ，弹出图5-51所示的对话框。选中"Load"（负载）单选按钮，单击"OK"按钮 OK ，在弹出的菜单中选择"data set 1"（数据集1）选项，弹出图5-52所示的对话框。

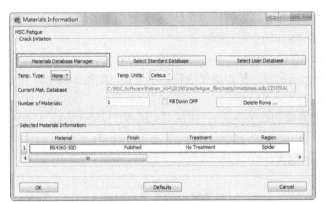

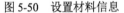

图5-50　设置材料信息

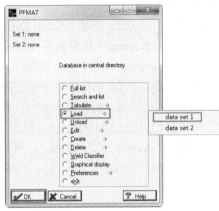

图5-51　"PFMAT"对话框

在该对话框中选择材料"MANTEN"，单击"OK"按钮 OK ，返回图5-51所示的对话框。

按照上述同样的操作，选择"data set 2"（数据集2）命令，选择材料"RQCl00"，返回图5-51所示的对话框。

（3）显示材料特性曲线。

选中"Graphical display"（图形显示）单选按钮（见图5-51），单击"OK"按钮 OK ，弹出图5-53所示的对话框，选中"Cyclic stress-strain curve plot"（循环应力－应变曲线图）单选按钮，单击"OK"按钮 OK ，材料MANTEN和RQC100的循环应力－应变曲线出现在屏幕上（见图5-54）。

图5-54显示了两种材料在循环载荷条件下的材料特性。显然RQC100的屈服极限高于MANTEN。

绘出两种材料的循环和单调应力－应变曲线。

选择"File"（文件）下拉菜单中的"New Plot"（新图表）命令，此时返回图5-53所示的对话框，选中"cYclic Monotonic stress-strain curves plot"（循环单调应力－应变曲线图）单选按钮，单击"OK"按钮 OK ，此时"Select material"（选择材料）项被激活，选中"data set 2"（数据集2）单选按钮，即材料RQC100，单击"OK"按钮 OK ，绘出的曲线如图5-55所示。

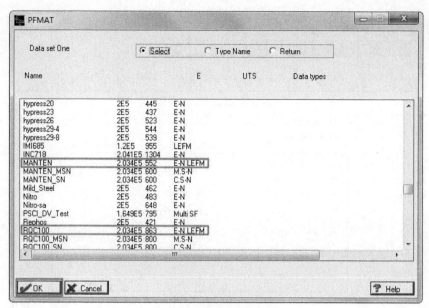

图 5-52　选择材料类型

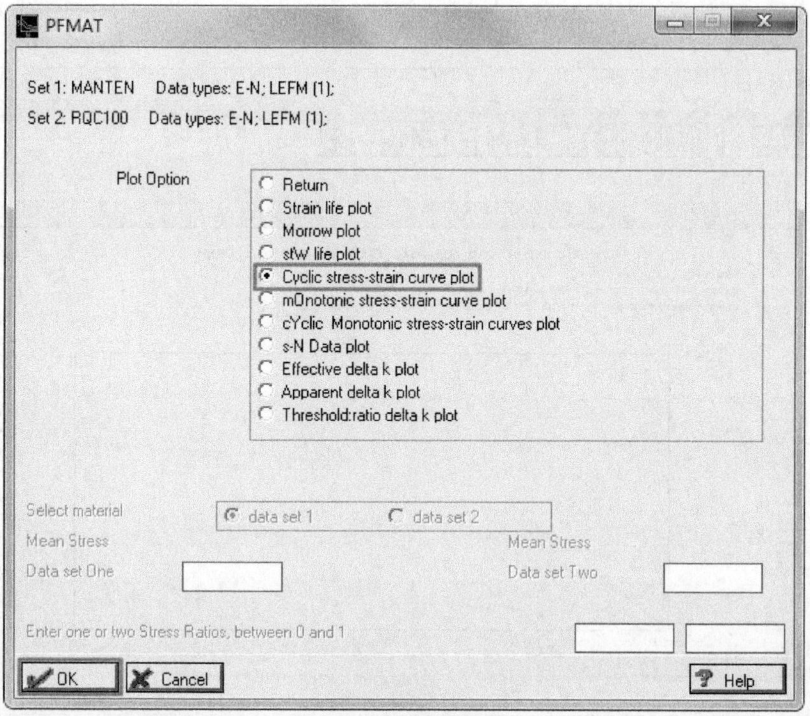

图 5-53　选择曲线图

从图 5-55 中可以看到，RQC100 的循环屈服点在单调屈服点之下，这意味着此材料在循环状态下是软化的。MANTEN 的循环屈服点在单调屈服点之上，这意味着此材料在循环状态下是硬化的。选择 "File"（文件）下拉菜单中的 "Exit"（退出）命令，返回到图 5-51 所示的对话框，然后在该对话框中选中 "eXit"（退出）单选按钮，单击 "OK" 按钮 OK ，返回到 "Materials Information"（材料信息）对话框，单击 "OK" 按钮 OK ，关闭该对话框。

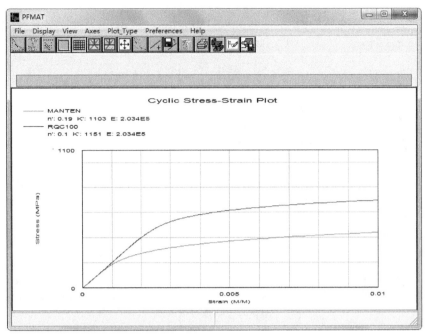

图 5-54　材料循环应力 - 应变曲线

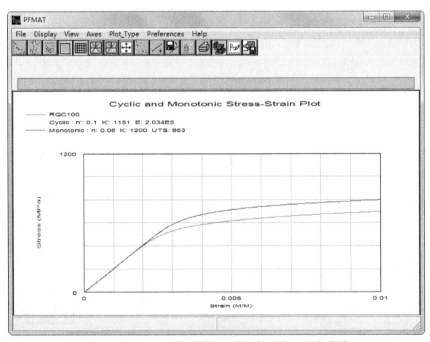

图 5-55　RQC100 材料循环和单调的应力 - 应变曲线

5. 设置求解参数

在"MSC.Fatigue"选项卡中单击"Solution Params…"（求解参数）按钮 [Solution Params...]
（见图 5-39），弹出"Solution Parameters"（求解参数）对话框，如图 5-56 所示，在该对话框中进行
如下设置。

Analysis Method（分析方法）：选择"S-W-T"方法。

Plasticity Correction（塑性校正）：选择"Neuber"。

Stress/Strain Combination（应力 / 应变组合）：选中"Max. Abs. Principal"（最大绝对主应力）单选按钮。

单击"OK"按钮 OK ，退出此对话框。

6. 运行疲劳分析

在"MSC.Fatigue"（疲劳分析）选项卡中单击"Job Control…"（作业控制）按钮 Job Control… ，弹出"Job Control"（作业控制）选项卡，如图 5-57 所示，进行如下设置。

Action（处理）：选择"Full Analysis"（完全分析）。

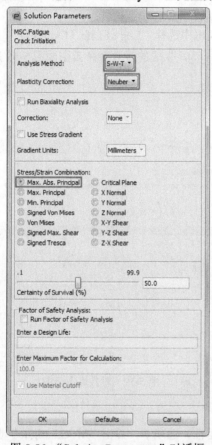

图 5-56　"Solution Parameters"对话框

图 5-57　"Job Control"选项卡

单击"Apply"（应用）按钮 Apply ，提交分析作业。

提示栏中出现"$# Job spider-ci has been submitted"（三脚架已提交），表示提交已经完成。

求解完成后，单击"Cancel"（取消）按钮 Cancel ，关闭"Job Control"选项卡。

5.2.4　查看分析结果

1. 生成寿命结果云图

首先查看疲劳寿命分布云图。

在"MSC.Fatigue"选项卡中单击"Fatigue Results…"（疲劳结果）按钮 Fatigue Results… （见图 5-39），弹出"Fatigue Results"（疲劳结果）选项卡，进行如下设置。

Action（处理）：选择"Read Results"（读取结果）。

单击"Apply"（应用）按钮 <kbd>Apply</kbd> ，导入疲劳分析结果。然后单击"Cancel"（取消）按钮 <kbd>Cancel</kbd> ，返回到"MSC.Fatigue"选项卡。

单击软件界面中最上方的"Results"（结果）选项卡，右侧弹出"Results"（结果）选项卡，如图 5-58 所示，进行如下设置。

Action（处理）：选择"Create"（创建）。

Object（对象）：选择"Quick Plot"（快速绘图）。

Select Result Cases（选择结果案例）：在列表框中选择"Crack Initiation, spider-cifef"（三脚架引发裂纹）。

Select Fringe Result（选择条纹结果）：在列表框中选择"Log of Life（Cycles），"。

设置完后单击"Apply"（应用）按钮 <kbd>Apply</kbd> ，生成的对数寿命云图如图 5-59 所示。

图 5-58 "Results"选项卡

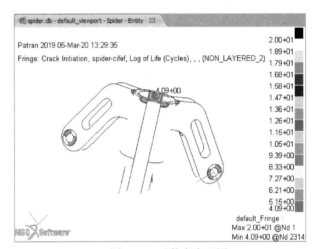

图 5-59 对数寿命云图

2. 寿命结果列表

单击软件界面中最上方的"Durability"（耐用性）选项卡，弹出"MSC.Fatigue"选项卡（见图 5-39），单击"Fatigue Results..."（疲劳结果）按钮 <kbd>Fatigue Results...</kbd> ，进行如下设置。

Action（处理）：选择"List Results"（列出结果）。

单击"Apply"（应用）按钮 <kbd>Apply</kbd> ，弹出"PFPOST-Jobname Definition"（PFPOST- 定义作业名称）对话框，如图 5-60 所示，采用默认设置，单击"OK"按钮 <kbd>OK</kbd> ，弹出图 5-61 所示的"PFPOST-Preferences"（PFPOST - 选择参数）对话框，单击"OK"按钮 <kbd>OK</kbd> ，弹出图 5-62 所示的"PFPOST - Options"（PFPOST - 节点选择）对话框。

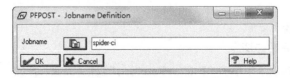

图 5-60 定义作业名称

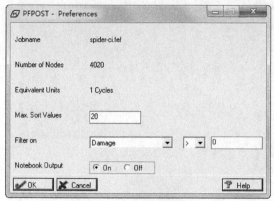

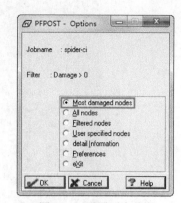

<table>
<tr><td>图 5-61　选择参数</td><td>图 5-62　设置列表节点</td></tr>
</table>

在"PFPOST-Options"（PFPOST-节点选择）对话框中选中"Most damaged nodes"（损坏最严重的节点）单选按钮（见图 5-62），单击"OK"按钮，疲劳寿命分析结果列表如图 5-63 所示。注意到图 5-63 中节点 2314 的寿命值近似为 12258 周。

Node	Damage	Life Cycles	Life Repeats	Log life	Log damage	Log. Eq. life
2314	8.158E-5	12258	1.2258E4	4.0884	-4.0884	4.0884
981	6.596E-5	15161	1.5161E4	4.1807	-4.1807	4.1807
3650	6.596E-5	15161	1.5161E4	4.1807	-4.1807	4.1807
980	2.95E-5	33898	3.3898E4	4.5302	-4.5302	4.5302
982	2.95E-5	33898	3.3898E4	4.5302	-4.5302	4.5302
2313	2.95E-5	33898	3.3898E4	4.5302	-4.5302	4.5302
2315	2.95E-5	33898	3.3898E4	4.5302	-4.5302	4.5302
998	2.437E-5	41036	4.1036E4	4.6132	-4.6132	4.6132
2330	2.437E-5	41036	4.1036E4	4.6132	-4.6132	4.6132
3649	2.437E-5	41036	4.1036E4	4.6132	-4.6132	4.6132
3651	2.437E-5	41036	4.1036E4	4.6132	-4.6132	4.6132
3667	1.987E-5	50316	5.0316E4	4.7017	-4.7017	4.7017
296	1.598E-5	62578	6.2578E4	4.7964	-4.7964	4.7964
611	1.598E-5	62578	6.2578E4	4.7964	-4.7964	4.7964
647	1.598E-5	62578	6.2578E4	4.7964	-4.7964	4.7964
933	1.598E-5	62578	6.2578E4	4.7964	-4.7964	4.7964
934	1.598E-5	62578	6.2578E4	4.7964	-4.7964	4.7964
935	1.598E-5	62578	6.2578E4	4.7964	-4.7964	4.7964
1658	1.598E-5	62578	6.2578E4	4.7964	-4.7964	4.7964
1659	1.598E-5	62578	6.2578E4	4.7964	-4.7964	4.7964

图 5-63　疲劳寿命分析结果列表

单击"OK"按钮，返回图 5-62 所示的对话框。在该对话框中选中"eXit"（退出）单选按钮，单击"OK"按钮，退出"PFPOST-Options"（PFPOST-节点选择）对话框。

5.2.5　分析总结

本例介绍了应变疲劳分析的方法（裂纹萌生方法），此方法使用局部应变和公认的 Manson-Coffin 方法进行疲劳寿命分析，还介绍了循环应力-应变曲线和应变-寿命曲线，以及 Neuber 缺口修正方法的应用。

第 6 章
裂纹扩展分析

在应力、应变疲劳分析中，都认为材料是均匀、无缺陷的，在此基础上研究疲劳载荷作用下的裂纹萌生机理、规律，以及预测与控制寿命。然而，在许多情况下，材料或构件中的缺陷是不可避免的。有缺陷怎么办？开始无缺陷的构件在使用中出现了裂纹，能否继续使用？含缺陷的构件如果还能继续使用，有多少剩余寿命？对于一些大型重要结构或构件，往往需要依靠检修来保证安全，那么如何控制检修？这些都是工程中需要研究与回答的问题。本章采用裂纹扩展分析来解决这些问题。

/ 知识重点

- ➡ 裂纹扩展相关参数的设置
- ➡ 带缺口平板的裂纹扩展寿命分析

6.1 问题描述

本例以带缺口平板介绍裂纹扩展分析的操作方法及过程，要求确定裂纹扩展后的剩余寿命。计算模型为带有缺口的平板，如图 6-1 所示。已知有一集中载荷作用在此平板上，载荷是等幅脉动载荷，变程为 10000N。此外，已使用 MSC Nastran 完成了最大载荷作用下的线性应力分析，生成了计算结果文件 SimpleSN.op2。

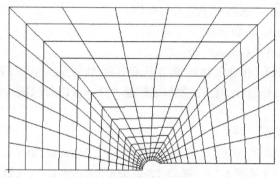

图 6-1 计算模型

在开始以前，应先将需要的文件"SimpleSN.op2"从配套资源":\sourcefile"（源文件）复制到当前工作目录。

6.2 导入有限元模型和应力分析结果

1. 创建新数据库文件

双击图标 ，启动 Patran 2019。单击"Home"（主页）选项卡下"Defaults"（默认）面板中的"New"（新建）按钮 ，弹出"New Database"（新建数据库）对话框，在"File name"（文件名）文本框中输入文件名"keyhole_crack.db"（缺口裂纹），单击"OK"按钮 OK ，创建一个新数据库文件。

2. 导入模型和结果

单击软件界面中最上方的"Analysis"（分析）选项卡，在右侧弹出"Analysis"（分析）选项卡，如图 6-2 所示，进行如下设置。

Action（处理）：选择"Access Results"（访问结果）。

Object（对象）：选择"Read Output2"（读取 .op2 文件）。

Method（方法）：选择"Both"（两者），表示读取模型及结果。

单击"Select Results File…"（选择结果文件）按钮 Select Results File… ，浏览并选择结果文件"SimpleSN.op2"（简单的 SN），单击"OK"按钮 OK ，最后单击"Apply"（应用）按钮 Apply ，导入的模型如图 6-1 所示。

图 6-2 导入有限元结算结果

111

6.3 进行疲劳分析

1. 总体设置

单击软件界面中最上方的"Durability"（耐用性）选项卡，弹出"MSC.Fatigue"选项卡，如图
6-3 所示，进行如下设置。

Analysis（分析）：选择"Growth"（增长）。

Results Loc.（锁定结果）：选择"Node"（节点）。

Nodal Ave.（节点主道）：选择"Global"（全局）。

Res. Units（结果单位）：选择"MPa"（兆帕）。

Solver（求解器）：选择"Classic"（经典）。

Jobname（32 chrs max）（作业名称）：输入作业名称"keyhole-cg"（缺口裂纹）。

Title（80 chrs max）（标题）：输入简要描述标题"Simple Crack Growth Analysis"（简单裂纹扩
展分析）。

2. 生成柔性函数曲线图

在"MSC.Fatigue"（疲劳分析）选项卡中单击"Solution Params…"（求解参数）按钮
Solution Params…（见图 6-3），弹出"Solution Parameters"（求解参数）对话框，如图 6-4
所示。在该对话框中单击"Compliance Generator"（适当生成器）按钮 Compliance Generator ，进入
柔性函数设置对话框，设置单位（见图 6-5）。

图 6-3　进行总体设置

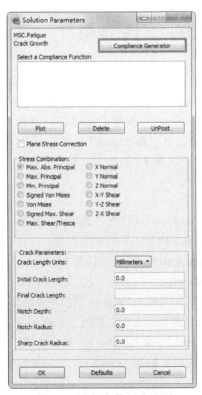

图 6-4　求解参数部分界面

图 6-5　设置单位

选中"1. Millimetres"（毫米）单选按钮，单击"OK"按钮 ![OK]，弹出图 6-6 所示的"PKSOL - Calculation Definition"（PKSOL - 定义计算）对话框。

选中"4.Generate a Y function table"（生成 Y 函数表）单选按钮，单击"OK"按钮 ![OK]，弹出图 6-7 所示的对话框，要求输入文件名。输入求解文件名称为"keyhole"（缺口），单击"OK"按钮 ![OK]，生成"keyhole.ksn"文件。同时弹出图 6-8 所示的"PKSOL - Geometric Definition"（选择标准样本）对话框，选中"1. Standard specimens"（标准样本）单选按钮。

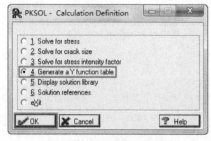

图 6-6　定义计算参数　　　　　　　　　　　　　图 6-7　输入文件名

单击"OK"按钮 ![OK]，弹出图 6-9 所示的"PKSOL - Standard Specimens"（PKSOL - 标准样本）对话框，要求设置标准样本，这里选中"8. Compact tension specimen(CTS)"（紧凑拉伸样本）单选按钮。单击"OK"按钮 ![OK]，弹出图 6-10 所示的对话框，对标准样本进行定义，单击菜单栏中的"Define"（定义）按钮。根据提示输入几何尺寸，系统提示"Enter thickness，B in mm："，在文本框中输入"9.525"，按 Enter 键，系统提示"Enter width，W in mm："，在文本框中输入"94"，按 Enter 键。

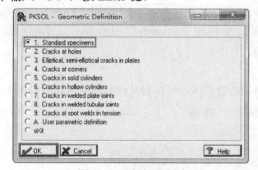

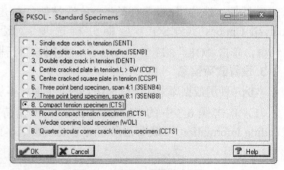

图 6-8　选择标准样本　　　　　　　　　　　　图 6-9　选择 CTS 样本图

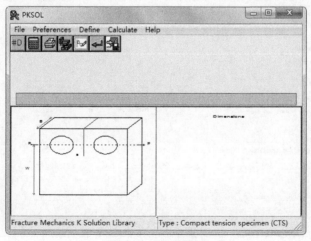

图 6-10　样本图形

单击菜单栏中的"Calculate"（计算）按钮，弹出图 6-11 所示的"PKSOL - Post Analysis Options"（PKSOL - 后期分析选项）对话框，选中"2. Plot Y function against crack ratio"（Y 函数曲线图与裂纹率的关系）单选按钮，单击"OK"按钮 OK ，绘制柔性函数曲线。得到的柔性函数曲线图如图 6-12 所示。

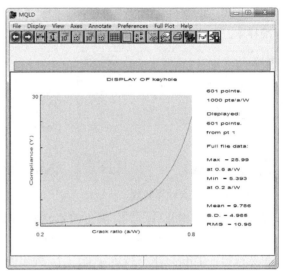

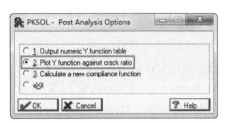

图 6-11　后期分析选项　　　　　　　　　图 6-12　柔性函数曲线图

选择"File"（文件）下拉菜单中的"Exit"（退出）命令，关闭绘图窗口。返回到图 6-11 所示的对话框，选中"eXit"（退出）单选按钮，单击"OK"按钮 OK ，关闭"PKSOL - Post Analysis Options"（PKSOL - 后期分析选项）对话框。返回到"Solution Parameters"（求解参数）对话框，单击"OK"按钮 OK ，关闭该对话框。

3. 设置载荷信息

本例中使用数据库中的载荷 SAETRN，下面将其从中心数据库中复制到此载荷当前所在的目录下。

（1）单击图 6-3 中的"Loading Info..."（载荷信息）按钮 Loading Info... ，弹出"Loading Information"（载荷信息）对话框，如图 6-13 所示。

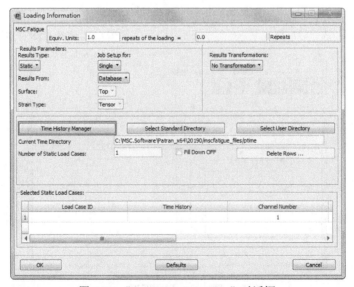

图 6-13　"Loading Information"对话框

（2）单击"Time History Manager"（时间历程管理器）按钮 ╟ Time History Manager ╢，弹出
"PTIME-Database Options"（PTIME - 数据库选项）对话框，如图 6-14 所示。

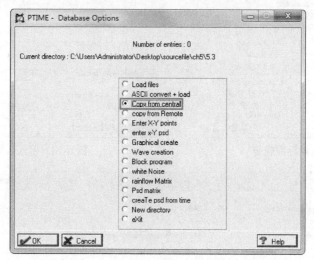

图 6-14　"PTIME - Database Options"对话框

在该对话框中选中"Copy from central"单选按钮，单击"OK"按钮 ╟ OK ╢，弹出图 6-15
所示的"PTIME-Database Entry Copy from Central Database"（PTIME - 从中心数据库复制数据库条
目）对话框，要求输入数据库名称。

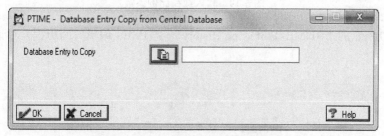

图 6-15　从中心数据库复制数据库条目

单击"文件列表"按钮 ╟ ╢，弹出图 6-16 所示的对话框。在该对话框中选择"SAETRN"，
单击"OK"按钮 ╟ OK ╢，复制 SAETRN 信号文件到当前目录中。

返回到图 6-17 所示的"PTIME-Database Options"
（PTIME- 数据库选项）对话框，在该对话框中选
中"Change an entry…"单选按钮，单击"OK"按钮
╟ OK ╢，在弹出的菜单中选择"Polynomial transform"
（多项式变换）选项，弹出图 6-18 所示的对话框，采用默
认设置，单击"OK"按钮 ╟ OK ╢。

在弹出的对话框中单击"Yes"按钮，允许覆盖原有
文件，弹出图 6-19 所示的对话框，输入载荷比例系数为
"40"，单击"OK"按钮 ╟ OK ╢。

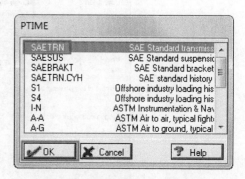

图 6-16　选择标准载荷 SAETRN

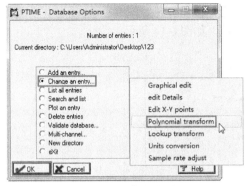

图 6-17　编辑标准载荷

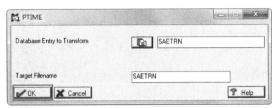

图 6-18　输入目标文件名称

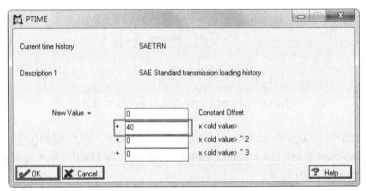

图 6-19　输入载荷比例系数

弹出图 6-20 所示的"PTIME-Edit Time History"（PTIME - 编辑时间历程）对话框，进行如下设置。

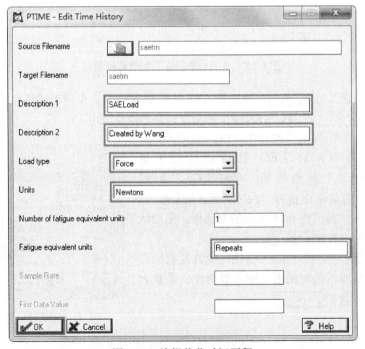

图 6-20　编辑载荷时间历程

Description 1（描述 1）：输入"SAELoad"（SAE 载荷）。

Description 2（描述 2）：输入任意描述，例如"Created by Wang"（由王创建）。

Load type（负载类型）：选择"Force"（力）。

Units（单位）：选择"Newtons"（牛顿）。

Fatigue equivalent units（疲劳当量单位）：输入"Repeats"（重复）。

单击"OK"按钮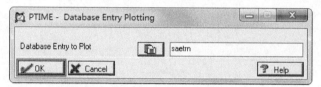，返回到"PTIME-Database Options"（PTIME-数据库选项）对话框。在该对话框中选中"Plot an entry"（绘制图幅）单选按钮，单击"OK"按钮，弹出图 6-21 所示的"PTIME-Database Entry Plotting"（PTIME-绘制数据库图幅）对话框，要求输入文件名，此处采用默认设置，直接单击"OK"按钮，即可得到图 6-22 所示的曲线图。

图 6-21　输入文件名称

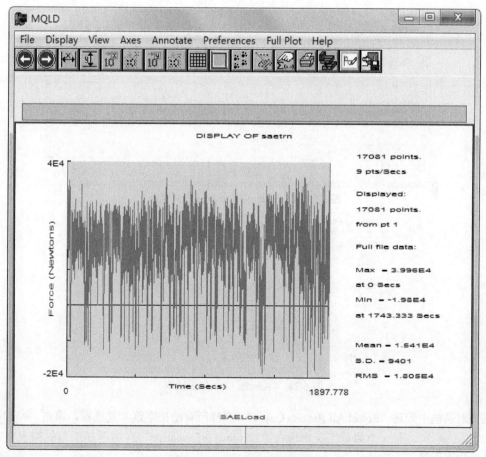

图 6-22　SAETRN 载荷曲线

选择"File"（文件）下拉菜单中的"Exit"（退出）命令，关闭绘图窗口。返回到图 6-17 所示的对话框，选中"eXit"（退出）单选按钮，单击"OK"按钮，关闭该对话框。

4. 关联有限元载荷工况与时间历程

返回到"Loading Information"（载荷信息）对话框，如图 6-13 所示。用户必须将刚刚创建的随时间变化的载荷与有限元载荷工况关联起来。

单击"Load Case ID"（载荷工况 ID）列下的空白栏，对话框下部出现"Get / Filter Results…"（获取 / 过滤结果）按钮，如图 6-23 所示。单击该按钮，弹出"Results Filter"（过滤结果）对话框，如图 6-24 所示。

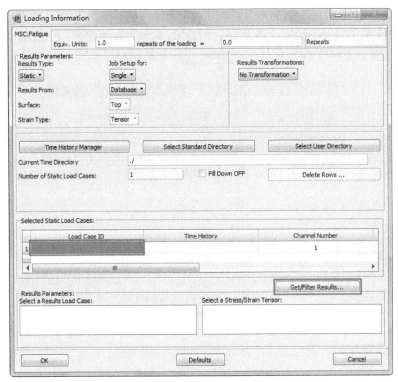

图 6-23 "Loading Information" 对话框

图 6-24 "Results Filter" 对话框

在该对话框中勾选"Select All Results Cases"（选择所有结果案例）复选框，单击"Apply"（应用）按钮，有一个载荷工况出现在"Loading Information"对话框左下角的列表框中，接下来进行如下设置。

Load Case ID（载荷工况 ID）：选择工况"1.1-3.1-2-"。

成功地选择有限元工况后，中间列"Time History"（时间历程）被激活，而且"SAETRN"载荷信息出现在底部，选择"SAETRN"后，"Load Magnitude"（载荷幅度）列被激活，并出现一个数据框，输入数值"10000"。

Results Transformations（结果转换）：选择"No Transformation"（没有转换）。

最后单击"OK"按钮 ![OK] ，关闭对话框。

5. 设置材料的疲劳特性

下面设置材料的疲劳特性。

（1）创建组。

首先创建一个包含节点的组以表示远场应力。这些节点的应力被平均处理，用来计算应力强度因子。

在主菜单中选择"Group"（组）→"Create"（新建）命令，弹出图6-25 所示的"Group"（组）选项卡，进行如下设置。

Action（处理）：选择"Create"（新建）。

Method（方法）：选择"Select Entity"（选择实体）。

New Group Name（新组名）栏：输入名称"far_field"（远场）。

Group Contents（组目录）：选择"Add Entity Selection"（添加实体选择）。

在"Entity Selection"编辑框中，选择单元 166 上的所有节点"node 211:213 594 595 606:608"，或者直接输入"node 211:213 594 595 606:608"。

单击"-Apply-"（应用）按钮 ![-Apply-] 生成组，然后单击"Cancel"（取消）按钮 ![Cancel] ，退出"Group"选项卡。

图 6-25　创建组

（2）设置材料特性。

在"MSC.Fatigue"（疲劳分析）选项卡中鼠标左键单击"Material Info…"（材料信息）按钮 ![Material Info...] ，弹出"Materials Information"（材料信息）对话框，如图 6-26 所示。在该对话框中单击"Material"（材料）列下的空白栏，浏览并选择材料"MANTEN"，此时"Environment"（环境）列被激活，选择"AIR"（空气）项，"Region"（组）列被激活，选择"far_field"（远场）项，此时"Layer"（层）列被激活，在"Region Layer"（层组）列表框中选择"2-At Z1"选项，然后单击"Fill Cell"（填充）按钮 ![Fill Cell] 。

Materials Information

MSC.Fatigue
Crack Growth

| Materials Database Manager | | Select Standard Database | | Select User Database |

Current Mat. Database　　　C:\MSC.Software\Patran_x64\20190\mscfatigue_files/mats/nmatsmas.adb:CENTRAL

Number of Materials:　　1　　　　☐ Fill Down OFF　　　　Delete Rows …

Selected Materials Information:

	Material	Environment	Region	Layer
1	MANTEN	AIR	far_field	2

| OK | | Defaults | | Cancel |

图 6-26　"Materials Information"对话框

（3）显示材料特性。

在"Materials Information"（材料信息）对话框中单击"Materials Database Manager"（材料数据库管理器）按钮 Materials Database Manager ，弹出图 6-27 所示的"PFMAT"对话框，选中"Load"（负载）单选按钮，单击"OK"按钮 OK ，在弹出的菜单中选择"data set 1"（数据集 1）选项，弹出图 6-28 所示的对话框。

在该对话框中选择材料"MANTEN"，返回到图 6-27 所示的对话框。

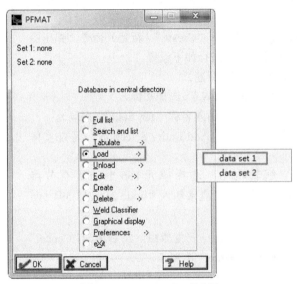

图 6-27 "PFMAT"对话框

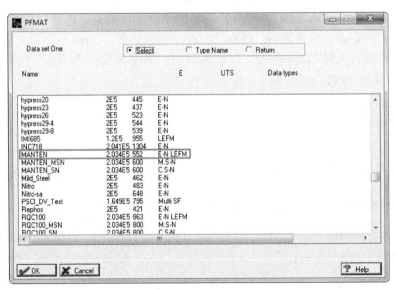

图 6-28 选择材料

选中"Graphical display"（图形显示）单选按钮，单击"OK"按钮 OK ，弹出图 6-29 所示的对话框，选中"Apparent delta k plot"（表面增量图）单选按钮。

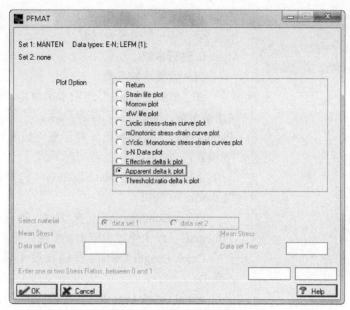

图 6-29　选择表面增量图

单击"OK"按钮，激活"Enter one or two Stress Rations, between 0 and 1"（输入一个或两个介于 0 和 1 之间的压力比）编辑框，输入"0.5"。单击"OK"按钮，生成的曲线如图 6-30 所示。

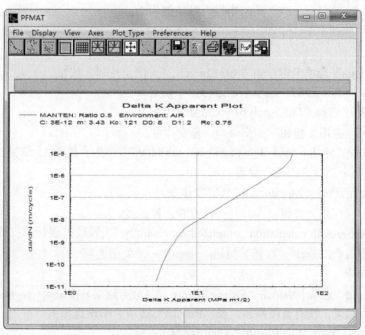

图 6-30　da/dN 曲线

在菜单栏中选择"File"（文件）→"Exit"（退出）命令，关闭绘图窗口。返回到图 6-27 所示的对话框，选中"eXit"（退出）单选按钮，然后单击"OK"按钮；返回到"Materials

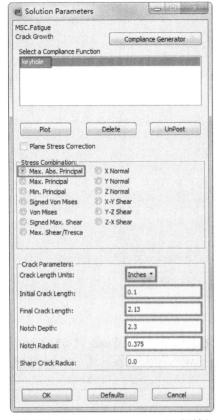

图 6-31 "Solution Parameters" 对话框

Information"（材料信息）对话框，单击"OK"按钮，关闭该对话框。

6. 进行求解

（1）设置求解参数。

在"MSC.Fatigue"选项卡中单击"Solution Params…"（求解参数）按钮，弹出"Solution Parameters"（求解参数）对话框，如图 6-31 所示，进行如下设置。

Select a Compliance Function（选择适当功能）：选择"keyhole"（缺口）。

Stress Combination（应力组合）：选中"Max.Abs. Principal"（最大绝对主应力）单选按钮。

Crack Length Units（裂缝长度单位）：选择"Inches"（英寸）。

Initial Crack Length（初始裂纹长度）：输入"0.1"。

Final Crack Length（最终裂纹长度）：输入"2.13"。

Notch Depth（切口深度）：输入"2.3"。这是缺口的物理深度，如果输入"0"，MSC Fatigue 将忽略缺口的影响。

Notch Radius（切口半径）：输入"0.375"。这是缺口的半径，默认值为 0。

单击"OK"按钮，退出此页面。

（2）进行裂纹扩展疲劳分析。

在"MSC.Fatigue"选项卡中单击"Job Control…"（作业控制）按钮，弹出"Job Control"（作业控制）选项卡，进行如下设置。

Action（处理）：选择"Full Analysis"（完全分析）。

单击"Apply"（应用）按钮，提交作业。

提示栏中出现"$# Job keyhole-cg has been submitted"，表示提交已经完成。继续在"Job Control"（作业控制）选项卡中进行设置。

Action（处理）：选择"Monitor Job"（监控作业）。

单击"Apply"（应用）按钮，查看计算进展。

当信息"Crack growth calculation completed successfully."（裂纹扩展计算完成）出现，表明分析完成。完成后单击"Cancel"（取消）按钮，关闭选项卡。

7. 查看分析结果

在"MSC.Fatigue"选项卡中单击"Fatigue Results…"（疲劳结果）按钮，查看裂纹扩展分析结果，没有云图显示。在"Results"选项卡中设置如下。

Action（处理）：选择"List Results"（列出结果）。

单击"Apply"（应用）按钮，弹出图 6-32 所示的对话框。

在该对话框中选中"Results summary page"（结果摘要）单选按钮，单击"OK"按钮，显示出图 6-33 所示的"PCPOST-Results Summary"（结果列表）对话框，其中最主要的信息是：在断裂之前，裂纹扩展长度超过 10mm，循环次数超过 400 次。

单击"End"（结束）按钮 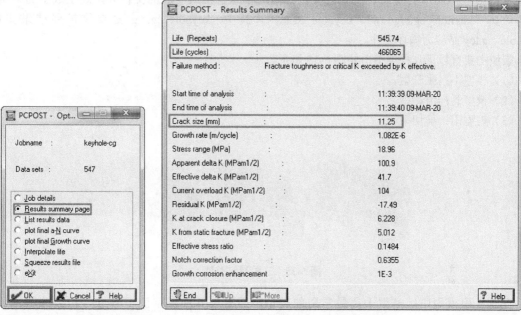，返回到图 6-32 所示的对话框。

图 6-32　PCPOST 模块选项　　　　　　　图 6-33　结果列表

在图 6-32 所示的对话框中选中"plot final a-N curve"（绘制最终的 *a-N* 曲线）单选按钮，单击
"OK"按钮 ，绘出图 6-34 所示的裂纹长度与循环次数曲线。至此，完成该模型的裂纹扩展分析。

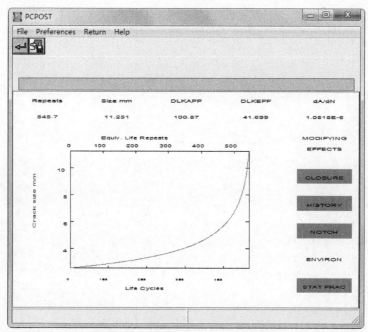

图 6-34　裂纹长度与循环次数曲线

6.1.4 分析总结

本例为一个简单的裂纹扩展分析实例。本例中除了生成一般的文件外，还生成了另外两种文件，即"keyhole_cg.crg"和"keyhole_cg.tcy"。其中，keyhole_cg.crg 是裂纹扩展结果文件，keyhole_cg.tcy 是应力循环文件。

裂纹主要有以下几种类型，如图 6-35 所示。

（1）模型Ⅰ：张开型。

（2）模型Ⅱ：滑动型。

（3）模型Ⅲ：剪切型。

图 6-35　三种裂纹类型

在这 3 种模型中，模型Ⅰ是最常用的类型，而模型Ⅱ和模型Ⅲ很难进行扩展分析，目前 MSC Fatigue 只支持分析模型Ⅰ。

第7章
振动疲劳分析

静态疲劳寿命的分析方法在工程应用上比较成熟，常见的有应力疲劳分析以及应变疲劳分析。但在现实环境中，大多数物体的结构发生损害主要是振动造成的，因此对物体进行振动疲劳分析更加接近现实的环境。基于 MSC Fatigue 获取一个功率谱密度比较容易，对物体进行快速的频率响应分析比较方便，因此这里主要讲述如何根据应力功率谱密度进行物体的振动疲劳分析。

/知识重点

- 振动疲劳的有限元模型处理方法
- 使用 MSC Fatigue 进行振动疲劳分析的基本操作方法

7.1 实例——单方向振动疲劳分析

本节以支架为例来介绍振动疲劳分析的基本概念和使用 MSC Fatigue 进行振动疲劳分析的基本方法。

7.1.1 问题描述

一个支架承受随机振动激励 F（由功率谱密度函数 PSD 定义），在附件位置（圆孔周围）引起严重的疲劳损伤。计算模型如图 7-1 所示，此模型在圆孔处约束。

已通过有限元分析计算得到了单位载荷作用下的频率响应分析结果，现要求计算垂直载荷作用下的疲劳损伤。

在开始以前，应先将需要的下述文件从配套资源"；\sourcefile"（源文件）复制到当前工作目录。

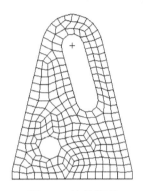

bs_modal.op2	bd_modal.op2
bs_static.op2	bd_fresp_v.op2
bs_fresp_v.op2	bd_fresp_h.op2
bs_fresp_h.op2	bd_fresp_t.op2
bs_fresp_t.op2	bd_trans_v.op2
7d_44-50.dac	bd_trans_h.op2
8d_44-50.dac	bd_trans_t.op2
9d_44-50.dac	bd_trans_vth.op2
iceflow_local.mxd	

图 7-1　计算模型

7.1.2 导入有限元模型和查看应力分析结果

1. 创建新数据库文件

双击图标 ![图标]，启动 Patran 2019。单击"Home"（主页）选项卡下"Defaults"（默认）面板中的"New"（新建）按钮 ![按钮]，弹出"New Database"（新建数据库）对话框，在"File name"（文件名）文本框中输入文件名"bracket_s.db"，单击"OK"按钮 ![OK]，创建一个新数据库文件。

2. 导入模型和结果

单击软件界面中最上方的"Analysis"（分析）选项卡，在右侧弹出"Analysis"（分析）选项卡，如图 7-2 所示，进行如下设置。

Action（处理）：选择"Access Results"（访问结果）。

Object（对象）：选择"Read Output2"（读取 .op2 文件）。

Method（方法）：选择"Both"（两者），表示读取模型及结果。

单击"Select Results File..."（选择结果文件）按钮 ![Select Results File...] ，

图 7-2　导入有限元模型

浏览并选择结果文件"bs_modal.op2"，单击"OK"按钮 OK ，最后单击"Apply"（应用）按钮 Apply ，导入模型如图 7-1 所示。

继续在"Analysis"选项卡中进行如下设置。

Action（处理）：选择"Access Results"（访问结果）。

Object（对象）：选择"Read Output2"（读取 .op2 文件）。

Method（方法）：选择"Result Entities"（实体结果），表示只读取结果。

单击"Select Results File..."按钮，浏览并分别选择结果文件"bs_static.op2""bs_fresp_v.op2"，单击"OK"按钮，最后单击"Apply"（应用）按钮 Apply ，导入结果文件。

3. 查看应力分析结果

单击软件界面中最上方的"Results"（结果）选项卡，在右侧弹出"Results"（结果）选项卡，如图 7-3 所示。注意到除了单个模态工况外，还有 3 个静态结果工况和一个频率响应结果工况。频率响应结果工况是没有一个频率大于 50Hz 的模态，这说明支架的模态没有频率低于 50Hz 的。

3 个静态结果工况是在端部分别施加了一个垂直方向单位力（v）、一个水平方向单位力（$-h$）和一个单位扭矩（$-t$）。两个频率响应结果是同样施加了单位力，只是频率范围是 0 ～ 50Hz。

上述这些分析都是在 Nastran 中进行的。频率响应分析中使用了 5% 的临界阻尼，频率响应结果是垂直载荷工况的传递函数。为从 Nastran 中获得传递函数，在分析中载荷必须是单位载荷。

由于 0 ～ 50Hz 范围内没有模态存在，疲劳响应分析的结果应当非常接近静态分析的结果。这很容易通过绘出应力结果而得到证实。

在"Results"（结果）选项卡中进行如下设置。

Action（处理）：选择"Create"（创建）。

Object（对象）：选择"Fringe"（边缘）。

Select Result Cases（选择实例结果）：选择"BS_STATIC_V, Static Subcase；_STATIC"。

Select Fringe Result（选择条纹结果）：选择"Stress Tensor,"（应力张量）。

Quantity（值）：选择"Max Principal"（最大主应力）。

在"Results"选项卡中单击"Target Entities"（目标实体）按钮 ，进行如下设置，如图 7-4 所示。

图 7-3　有限元分析结果

图 7-4　目标选择

Target Entity（目标实体）：选择"Elements"（单元）。

在"Select Elements"（选择单元）中单击，然后在图形区中选择带有孔的部分单元。

设置完后，单击"Apply"（应用）按钮 [Apply]，生成的结果云图如图 7-5（a）所示。

在"Results"（结果）选项卡中单击"Select Results"按钮▤，进行如下设置。

Select Result Cases（选择结果案例）：选择"BS_FRESP_V, Freq.=0."。

单击"Apply"（应用）按钮 [Apply]，生成的结果云图如图 7-5（b）所示。

可以看到，两种结果基本一致。只显示一部分结果为的是对比方便。

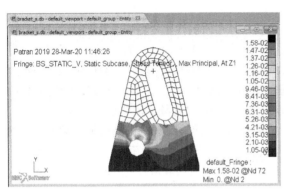

（a）静态应力　　　　　　　　　　　　　　（b）频率响应应力

图 7-5　垂直载荷应力分析结果

如果绘出了高频率的应力结果，我们会发现其与静态结果的差别较大。这是由于第一阶模态的影响。实际上，我们可以在感兴趣的高应力区域（Node 72）绘出传递函数的 *XY* 图。

在"Results"（结果）选项卡中继续进行如下设置。

Action（处理）：选择"Create"（创建）。

Object（对象）：选择"Graph"（图表）。

Select Result Cases（选择结果案例）：选择"BS_FRESP_V, Freq*"（0 ～ 50Hz）的结果。

Select Fringe Result（选择条纹结果）：选择"Stress Tensor, "（应力张量）。

Quantity（值）：选择"Max Principal"（最大主应力）。

X：设置为"Global Variable"（全局变量）。

Variable（变量）：设为"Frequency"（频率）。

在"Results"（结果）选项卡中单击"Target Entities"（目标实体）按钮⬚，进行如下设置。

Target Entity（目标实体）：设置为"Nodes"（节点）。

在图形区中选择 Node 72，或在输入栏中直接输入"Node 72"。

然后在"Results"（结果）选项卡中单击"Plot Options"（绘图选项）按钮⬚，进行如下设置。

Complex No. as（综合编号）：设置为"Magnitude"（重要）。

单击"Apply"（应用）按钮 [Apply]，生成的结果曲线图如图 7-6 所示。

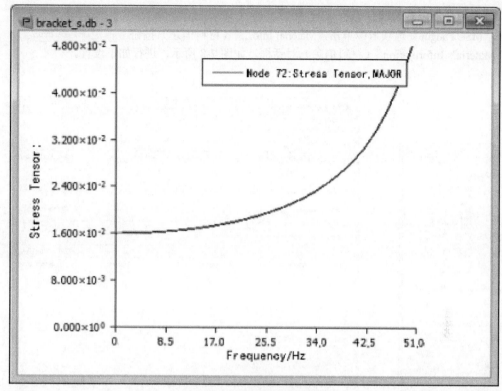

图 7-6 传递函数的曲线图

 注意　　传递函数的频率间隔对获得准确的疲劳分析结果是非常重要的，这将在后面的分析过程中体现。

7.1.3 振动疲劳分析

1. 设置疲劳分析方法

单击软件界面中最上方的"Durability"（耐用性）选项卡，弹出"MSC.Fatigue"选项卡，如图 7-7 所示，进行如下设置。

Analysis（分析）：选择"Vibration"（震动）。

Results Loc.（锁定结果）：选择"Node"（节点）。

Nodal Ave.（节点主道）：选择"Global"（全局）。

F.E. Results（F.E. 结果）：选择"Stress"（应力）。振动疲劳要求以应力作为参量，没有其他选择。

Res. Units（结果单位）：选择"MPa"（兆帕）。

Solver（求解器）：选择"Classic"（经典）。

Jobname（32 chrs max）（作业名称）：输入"bs_fresp_v"（铣削）。

Title（80 chrs max）（标题）：输入"Fatigue due to Vertical Force PSD"（垂直力 PSD 引起的疲劳）。

2. 设置材料的疲劳特性

在"MSC.Fatigue"选项卡中单击"Material Info..."（材料信息）按钮 Material Info... ，
弹出"Materials Information"（材料信息）对话框，如图 7-8 所示，进行如下设置。

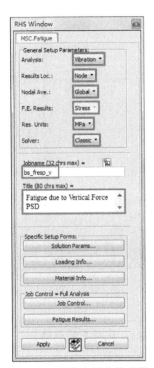

图 7-7　疲劳分析总体设置

图 7-8　材料信息设置

单击"Material"（材料）列下的空白栏，浏览并选择材料"MANTEN"。

Finish（加工）：选择"Polished"（抛光的）。

Treatment（处理）：采用默认的"No Treatment"（不处理）。

Region（组）：选择上面创建的"default_group"（默认组）。

其他采用默认值，单击"OK"按钮 OK ，关闭对话框，返回到"MSC.Fatigue"（疲劳
分析）选项卡。

3. 设置疲劳载荷

（1）定义疲劳载荷。

在"MSC.Fatigue"选项卡中单击"Loading Info..."（载荷信息）按钮 Loading Info... ，
弹出"Loading Vibration Information"（加载振动信息）对话框，如图 7-9 所示。

在该对话框中单击"PSD Manager"（功率谱密度管理器）按钮 PSD Manager ，
弹出"PTIME-Database Options"（PTIME - 数据库选项）对话框，如图 7-10 所示，进行如下
操作。

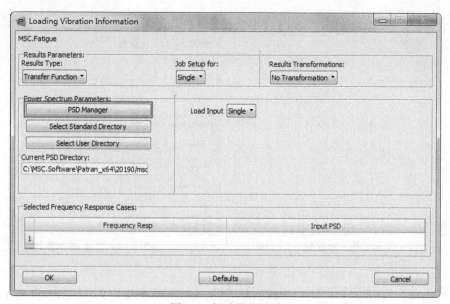

图 7-9　振动载荷设置

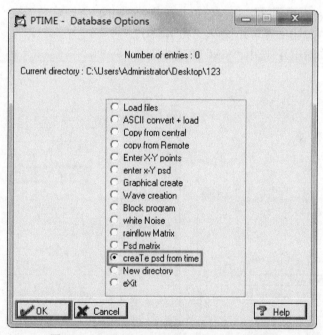

图 7-10　"PTIME - Database Options"对话框

①选中"creaTe psd from time"（从时间创建 PSD）单选按钮，单击"OK"按钮 [✓ OK] ，弹出"MASD - Filename and Parameter Input"（MASD- 文件名和参数输入）对话框，如图 7-11 所示。

②单击"文件列表"按钮 [📄] ，选择载荷历程文件"7d_44-50.dac"，单击"打开"按钮 [打开(O)] ，读取文件。进行如下设置，如图 7-12 所示。

Output Type（输出类型）：选择"Power Spectral Density"（功率谱密度）。

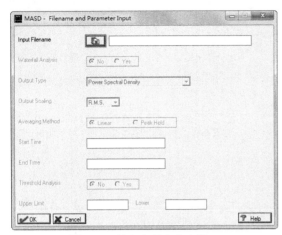

图 7-11　输入文件名和参数　　　　　图 7-12　设置 PSD 参数

③单击"OK"按钮 <u>OK</u>，在弹出的对话框中进行输入参数定义，如图 7-13 所示。

FFF Buffer Size（缓冲区大小）：选择"1024:0.9766 Hz width"。此设置确定了在全部频率范围内定义 PSD 的点数，频率范围是 0～500Hz，将给出 1.024pts/Hz 或者 512 个点。

④单击"OK"按钮 <u>OK</u>，进行输出参数定义，如图 7-14 所示。

Output Filename（输出文件名）：输入"7d_44-50"。

Plot Output（绘图输出）：选中"Yes"单选按钮。

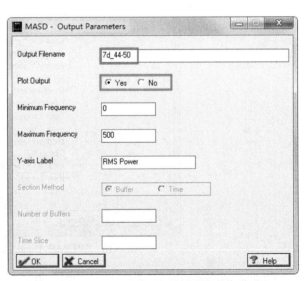

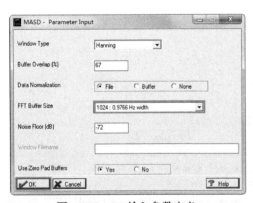

图 7-13　PSD 输入参数定义　　　　　图 7-14　PSD 输出参数定义

⑤单击"OK"按钮 <u>OK</u>，弹出"MASD - Results Summary"（设置总结）对话框，如图 7-15 所示。

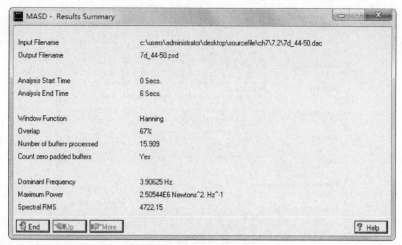

图 7-15　PSD 设置总结

⑥单击"End"（结束）按钮 ![End]，绘图模块 MQLD 绘出了 PSD 曲线图。为更好地观看 PSD 曲线图，选择"View"（视图）下拉菜单中的"WindowX"（X 窗口）命令，设置最小频率 Min=0、最大频率 Max=50。此时显示出图 7-16 所示的 PSD 曲线图。

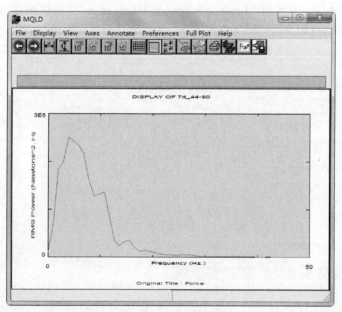

图 7-16　PSD 曲线图

⑦选择"File"（文件）下拉菜单中的"Exit"（退出）命令，关闭绘图窗口，弹出"PTIME" 对话框，如图 7-17 所示，进行如下设置。

Description 1（描述 1）："Vertical Load"（垂直载荷）。

Number of fatigue equivalent units（疲劳当量单位数量）：输入"1"。

Fatigue equivalent units（疲劳当量单位）：输入"Repeats"（重复）。忽略其他参数。

单击"OK"按钮 ![OK]，返回到"PTIME-Database Options"（PTIME- 数据库选项）对话框，选中"eXit"（退出）单选按钮，单击"OK"按钮 ![OK]，退出该对话框。

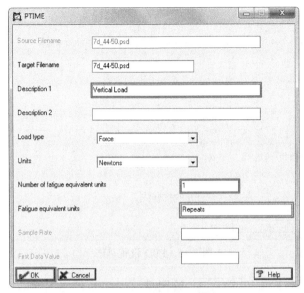

图 7-17   PSD 文件描述

（2）将疲劳载荷与有限元结果文件相关联。

完成 PSD 的创建后，返回到"Loading Vibration Information"（加载振动信息）对话框，在该对话框中将疲劳载荷与有限元的结果文件相关联，进行如下设置，如图 7-18 所示。

图 7-18   "Loading Vibration Information"对话框

Results Type（结果类型）：选择"Transfer Function"（传递函数），使用从有限元分析获得的传递函数。

在此处可以选择"Transfer Function"（传递函数）或"Power Spectrum"（功率谱）。在有限元分析中直接计算响应的 PSD 也是可行的，在这种情况下，就要选择"Power Spectrum"（功率谱）。

Results Transformations（结果转换）：选择"Transform to Basic"（转换为基础）。

这是默认设置。有限元张量结果传递到基本坐标系中进行节点平均处理，这种处理必须在一个常坐标系中。除非有特殊需要，否则建议使用此默认值。

Load Input（加载输入）：选择"Single"（单一的）。

单击"Frequency Resp"（频率响应）列下的空白栏，对话框下部出现"Get/Filter Results…"（获取 / 过滤结果）按钮。单击该按钮，弹出图 7-19 所示的"Select Result Cases"（选择结果案例）对话框，选择结果工况"BS_FRESP_V, 26 subcases"，单击"Filter"（过滤）按钮 Filter 。选择"SubcaseId=9:BS_FRESP_V, Freq.=8. "，单击"Add"按钮 Add ，将结果工况编号传递到"Loading Vibration Information"的列表框中，然后单击"Close"按钮 Close ，关闭此对话框。

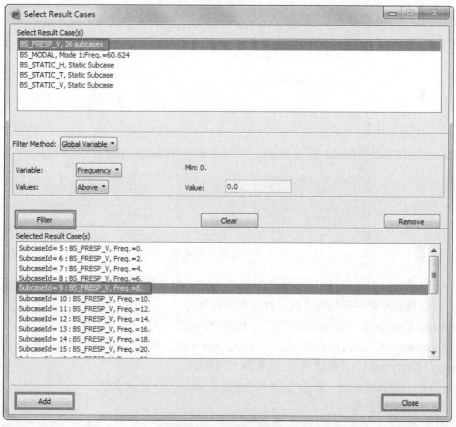

图 7-19 选择结果工况

这时返回到图 7-18 所示的"Loading Vibration Information"（加载振动信息）对话框，进行如下设置。

Select a Results Load Case（选择结果加载案例）：选择"BS_FRESP_V,6.(5:30) -"（可编程控制器）。

Select a Stress Tensor（选择应力张量）：选择"2.1-StressTensor"（应力传感器）。

Select a PSD File Name（选择 PSD 文件名）：选择"7D_44-50.PSD"。

到此完成了设置，单击"OK"按钮 ，关闭该对话框。

4. 进行求解

（1）设置求解参数。

在"MSC.Fatigue"选项卡中单击"Solution Params…"（求解参数）按钮 Solution Params… ，进入"Solution Parameters"对话框，如图7-20所示，进行如下设置。

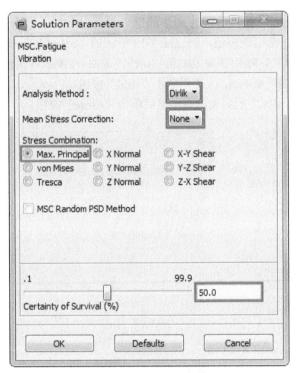

图7-20　设置求解参数

Analysis Method（分析方法）：选择"Dirlik"方法。默认的 Dirlik 方法是推荐的方法。如果选择了"All"，在理论分析中提到的所有分析方法将被使用。

Mean Stress Correction（平均应力校正）：选择"None"（无）。

Stress Combination（应力组合）：选中"Max, Principal"（最大主应力）单选按钮。

Certainty of Survival(%)（存活率）：设置为"50.0%"。

忽略对话框中的其他参数，单击"OK"按钮 OK ，完成设置。

（2）设置求解控制参数。

单击"Job Control…"（作业控制）按钮 Job Control… ，弹出"Job Control"（作业控制）选项卡，进行如下设置。

Action（处理）："Full Analysis"（完全分析）。

单击"Apply"（应用）按钮 Apply ，提交分析作业。

对求解过程进行监控，进行如下设置。

Action（处理）：更改为"Monitor Job"（监控作业）。

单击"Apply"（应用）按钮 Apply ，监控作业，然后单击"Cancel"（取消）按钮 Cancel ，关闭该选项卡。

5. 查看分析结果

然后在"MSC.Fatigue"（疲劳分析）选项卡中单击"Fatigue Results..."按钮 ，弹出"Fatigue Results"选项卡，如图 7-21 所示，进行如下设置。

Action（处理）：Read Results（读取结果）。

单击"Apply"（应用）按钮 ，读取结果，然后单击"Cancel"（取消）按钮 ，关闭该选项卡。

单击软件界面中最上方的"Results"（结果）选项卡，右侧弹出"Results"（结果）选项卡，进行如下设置。

Select Result Cases（选择结果案例）：选择"Vibration Analysis, bs_fresp_vfef"（振动分析）。

Select Fringe Result（选择条纹结果）：选择"Log of Life（Seconds）"。

单击"Apply"（应用）按钮 ，生成的寿命云图如图 7-22 所示。

图 7-21　读入疲劳分析结果

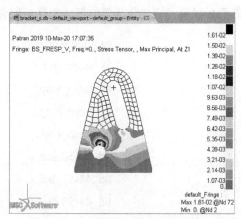

图 7-22　垂直载荷疲劳寿命云图

7.1.4　分析总结

本例介绍了简单载荷作用下振动疲劳分析的基本步骤和方法。为了比较静态分析与振动疲劳分析应力分析结果，有兴趣的读者可以比较两种条件下的寿命分析结果，看看有哪些不同。

7.2　实例——耦合振动疲劳分析

前面介绍了支架在单方向载荷作用下的疲劳寿命，接下来我们考虑 3 个载荷同时作用下支架的疲劳寿命。

7.2.1　问题描述

使用 3 个单位载荷及载荷的输入功率谱密度函数 PSD 的有限元频率响应分析结果进行随机振动分析，计算 3 个载荷同时作用下支架的疲劳损伤，模型如图 7-23 所示。

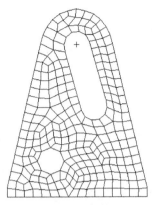

图 7-23　计算模型

在开始以前，应先将需要的下述文件从配套资源"：\sourcefile\"复制到当前工作目录。

bs_modal.op2	bd_modal.op2
bs_static.op2	bd_fresp_v.op2
bs_fresp_v.op2	bd_fresp_h.op2
bs_fresp_h.op2	bd_fresp_t.op2
bs_fresp_t.op2	bd_trans_v.op2
7d_44-50.dac	bd_trans_h.op2
8d_44-50.dac	bd_trans_t.op2
9d_44-50.dac	bd_trans_vth.op2
iceflow_local.mxd	

7.2.2　导入有限元模型和查看应力分析结果

1. 创建新数据库文件

双击图标 📕，启动 Patran 2019。单击"Home"（主页）选项卡下"Defaults"（默认）面板中的"New"（新建）按钮 □，弹出"New Database"（新建数据库）对话框，在"File name"（文件名）文本框中输入文件名"bracket_s.db"，单击"OK"按钮 OK ，创建一个新数据库文件。

2. 导入模型和结果

单击软件界面中最上方的"Analysis"（分析）选项卡，右侧弹出"Analysis"（分析）选项卡，如图 7-24 所示，进行如下设置。

Action（处理）：选择"Access Results"（访问结果）。

Object（对象）：选择"Read Output 2"（读取 .op2 文件）。

Method（方法）：选择"Both"（两者），表示同时读取模型与结果。

单击"Select Results File…"（选择结果文件）按钮 Select Results File... ，浏览并选择结果文件"bs_modal.op2"，单击"OK"按钮 OK ，最后单击"Apply"（应用）按钮 Apply ，导入的模型如图 7-23 所示。继续在"Analysis"（分析）选项卡中进行如下设置。

Method（方法）：选择"Result Entities"（结果文件）。

浏览并依次选择结果文件"bs_static.op2""bs_fresp_v.op2""bs_fresp_h.op2""bs_fresp_t.op2"，

单击"OK"按钮 OK ，最后单击"Apply"（应用）按钮 Apply ，导入结果文件。

3. 查看应力分析结果

单击软件界面中最上方的"Results"（结果）选项卡，右侧弹出"Results"（结果）选项卡，如图 7-25 所示，在该选项卡中可以查看 3 种应力分析的结果。进行如下设置。

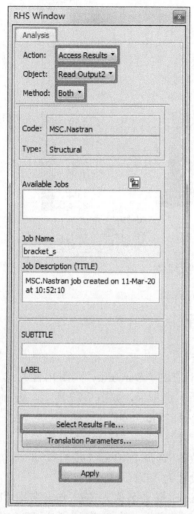

图 7-24　导入有限元模型和结果

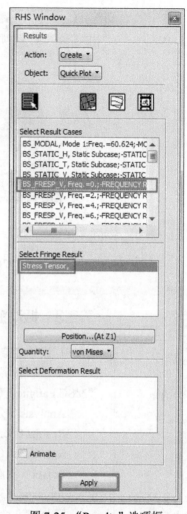

图 7-25　"Results"选项框

Action（处理）：选择"Create"（创建）。

Object（对象）：选择"Quick Plot"（快速绘图）。

Select Results Cases（选择结果案例）：选择"BS_FRESP_V, Freq. =0.; -FREQUENCY R"。

Select Fringe Result（选择条纹结果）：选择"Stress Tensor, "（应力张量）。

设置完成后单击"Apply"（应用）按钮 Apply ，导入的应力分析结果如图 7-26 所示。

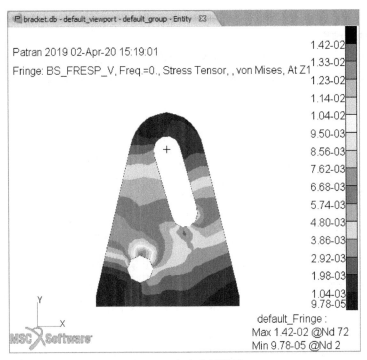

图 7-26   应力分析结果

7.2.3   振动疲劳分析

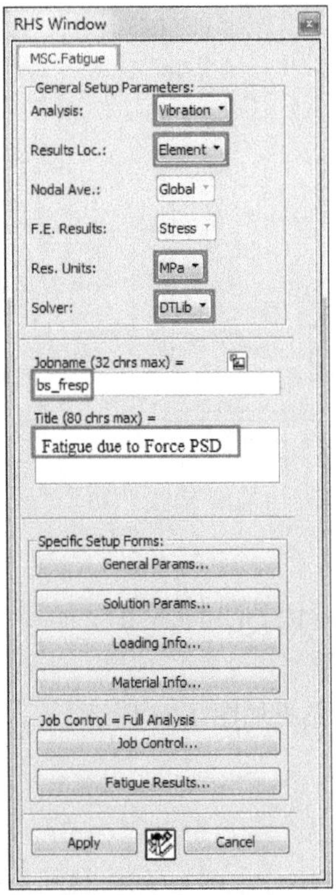

1. 设置疲劳分析方法

单击软件界面中最上方的"Durability"(耐用性)选项卡,弹出"MSC.Fatigue"(疲劳分析)选项卡,如图 7-27 所示,进行如下设置。

Analysis(分析):选择"Vibration"(震动)。

Results Loc.(锁定结果):选择"Element"(单元)。

Res. Units(结果单位):选择"MPa"(兆帕)。

Solver(求解器):设置为"DTLib"。

Jobname(32 chrs max)(作业名称):输入作业名称"bs_fresp"。

Title(80 chrs max)(标题):输入描述性标题"Fatigue due to Force PSD"(由压力引起的疲劳)。

2. 设置通用参数

在"MSC.Fatigue"选项卡中单击"General Params..."(通用参数)按钮[General Params...   ],弹出"Generic Solution Parameters"(通用求解参数)对话框,如图 7-28 所示。采用默认设置,单击"OK"按钮[OK   ],关闭该对话框。

3. 设置求解参数

在"MSC.Fatigue"选项卡中单击"Solution Params..."(求解参数)按钮[Solution Params...   ],弹出"Solution Parameters"(求解参数)对话框,如图 7-29 所示,进行如下设置。

图 7-27   疲劳分析总体设置

Analysis Sub Method（分析子方法）：选择"Standard"（标准）。

Mean Stress Correction（平均应力校正）：选择"None"（无）。

Loading Method（加载方法）：选择"Multiple PSD"（多通道 PSD）。

Stress Combination（应力组合）：选择"Max Abs Principal"（最大绝对主应力）。

PSD Cycle Count Method（PSD 循环计数方法）：选择"Dirlik"。

Freq.Select Method（频率选择方法）：选择"Equally Spaced"（等间隔）。

Min Frequence（最小频率）：设置为"0"。

Max Frequency（最大频率）：设置为"50"。

Freq. Interval（频率间隔）：设置为"1.0"。

Interpolation Method（插值方法）：选择"Lin-Lin"（线性）。

Cycle Count（雨流计数）：设置为"128"。

其他采用默认设置，单击"OK"按钮，关闭该对话框。

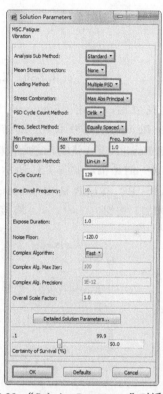

图 7-28　"Generic Solution Parameters"对话框　　　图 7-29　"Solution Parameters"对话框

4. 设置载荷信息

（1）定义载荷谱。

在"MSC.Fatigue"选项卡中单击"Loading Info..."（载荷信息）按钮 ，
弹出"Loading Vibration Information"（加载振动信息）对话框，如图 7-30 所示，进行如下设置。

Results Type（结果类型）：选择"Transfer Function"（传递函数）。

Results Transformations（结果转换）：选择"No Transformation"（没有转换）。

Load Input（加载输入）：选择"Multiple PSD"（多通道 PSD）。

Number of Input（输入数量）：设置为"3"。

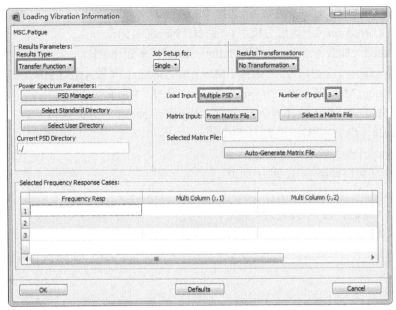

图 7-30 "Loading Vibration Information" 对话框

设置完成后，单击"Frequency Resp"（频率响应）列下面的空白栏，对话框下部出现"Get/Filter Results…"（获取 / 过滤结果）按钮和"Results Parameters"（结果参数）选项，单击"Get/Filter Results…"（获取 / 过滤结果）按钮 Get/Filter Results… ，弹出"Select Result Cases"（选择结果案例）对话框，如图 7-31 所示。在该对话框的"Select Result Case(s)"（选择结果案例）列表框中选择"BS_FRESP_V, 26 subcases"，然后单击"Filter"（过滤器）按钮 Filter ，再单击"Add"（增加）按钮 Add ，将该工况导入"Loading Vibration Information"对话框中。

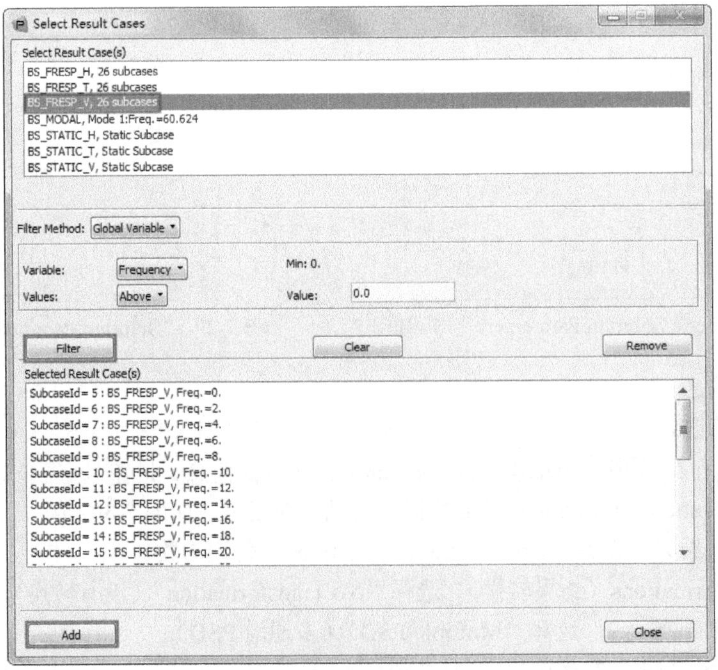

图 7-31 "Select Result Cases" 对话框

采用同样的方法分别将"BS_FRESP_H, 26 subcases"和"BS_FRESP_T, 26 subcases"两个工况导入加载振动对话框中，导入完成后单击"Close"按钮 Close ，返回"Loading Vibration Information"对话框。

在"Frequency Resp"（频率响应）列下的第一个空白栏中选择"BS_FRESP_V, 6.（5:30）-"工况；在第二个空白栏中选择"BS_FRESP_H, 7.（31:56）-"工况；在第三个空白栏中选择"BS_FRESP_T, 8.（57:82）-"工况。

（2）创建功率谱密度矩阵。

完成上述操作后，在"Loading Vibration Information"（加载振动信息）对话框（见图 7-30）中单击"Auto-Generate Matrix File"（自动创建矩阵文件）按钮 Auto-Generate Matrix File ，弹出"Time Series To Frequency Domain"（加载时间历程到频率范围）对话框，如图 7-32 所示，单击"Selected Time History Files"（选择时间历程文件）组中"Time History"（时间历程）列下方的第一个空白栏，然后在"Select a Time History"（选择一个时间历程）组中"Time History"（时间历程）列下的选项中选择"7d_44-50.dac"；重复上述操作，在第二个空白栏中选择"8d_44-50.dac"；在第三个空白栏中选择"9d_44-50.dac"。

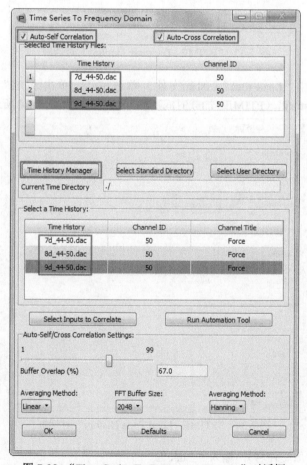

图 7-32　"Time Series To Frequency Domain"对话框

在该对话框中系统默认创建不相关的载荷谱密度，默认勾选的是"Auto - Self Correlation"（自动创建自谱密度）复选框；如果要创建相关的载荷谱密度，则要勾选"Auto - Cross Correlation"（自动创建相关载荷谱密度）复选框。在本案例中，我们将两者都勾选上。

查看一下时间历程载荷的波形。在图 7-32 所示的对话框中单击"Time History Manager"（时间历程管理器）按钮 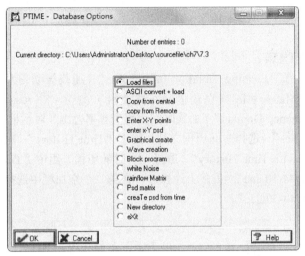 Time History Manager ，弹出"PTIME-Database Options"（PTIME- 数据库选项）对话框，如图 7-33 所示。

图 7-33 "PTIME - Database Options"对话框

在该对话框中选中"Load files"（加载文件）单选按钮，单击"OK"按钮 ✔ OK ，弹出"PTIME-Load Time History"（PTIME - 加载时间历程）对话框，如图 7-34 所示，进行如下设置。

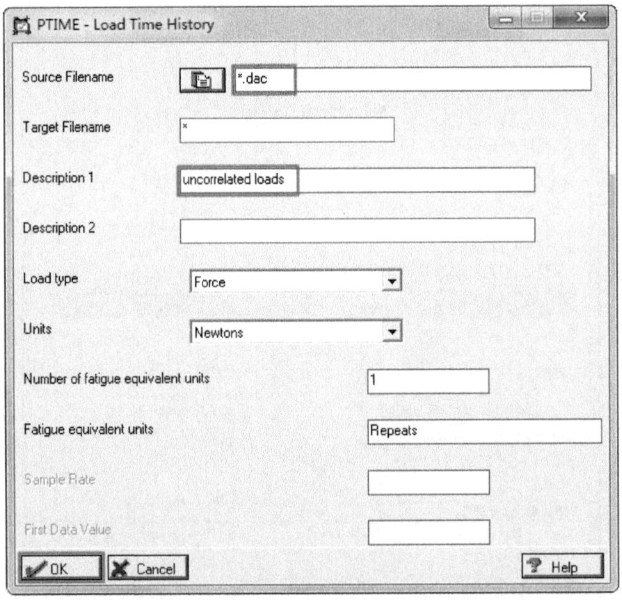

图 7-34 "PTIME - Load Time History"对话框

Source Filename（原文件名）：输入"*.dac"。

Description 1（描述 1）：输入"uncorrelated loads"（不相关载荷）。

其他采用默认设置，单击"OK"按钮 ✔ OK ，在弹出的对话框中直接单击"End"（结束）按钮 End ，返回到图 7-33 所示的对话框，此时该对话框中会多出"Multi-channel..."（多通道）单选按钮，选中该单选按钮后，单击"OK"按钮 ✔ OK ，在弹出的菜单中选择"Display

Histories"（显示历史记录）选项，系统弹出"MMFD - MFD Setup"（MMFD - MFD 设置）对话框，如图 7-35 所示。

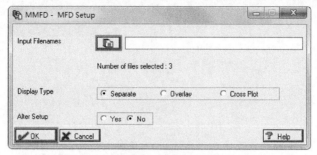

图 7-35　"MMFD - MFD Setup"对话框

在该对话框中单击"文件列表"按钮 ，在弹出的"打开"对话框中选择"7d_44-50.dac""8d_44-50.dac""9d_44-50.dac"这 3 个时间历程文件，选择完成后，单击"OK"按钮 OK ，打开这 3 个载荷的时间历程曲线，如图 7-36 所示。

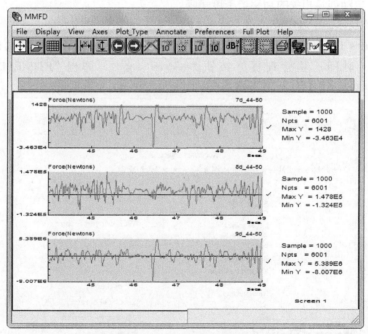

图 7-36　时间历程载荷曲线

选择"File"（文件）下拉菜单中的"Exit"（退出）命令，关闭载荷曲线图。返回到图 7-33 所示的对话框，选中"eXit"（退出）单选按钮，单击"OK"按钮 OK ，退出"PTIME - Database Options"（PTIME - 数据库选项）对话框。

（3）创建相关功率谱密度矩阵。

此时返回到"Time Series To Frequency Domain"（加载时间历程到频率范围）对话框，如图 7-32 所示，在该对话框中单击"Select Inputs to Correlate"（选择要关联的输入）按钮 Select Inputs to Correlate ，弹出"Select Inputs to be Correlate"（关联设置）对话框。在该对话框中选择要关联的矩阵，如图 7-37 所示。选择完成后，单击"OK"按钮 OK ，关闭该对话框。

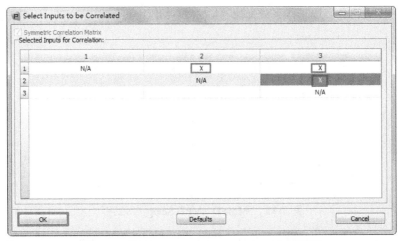

图 7-37　"Select Inputs to be Correlated"对话框

设置完成后，单击"Run Automation Tool"（运行自动化工具）按钮 ▢Run Automation Tool▢ （见图 7-32），系统会自动创建相关的功率谱密度矩阵。

（4）查看相关功率谱密度矩阵。

在"Time Series To Frequency Domain"（加载时间历程到频率范围）对话框中单击"Time History Manager"（时间历程管理器）按钮 ▢Time History Manager▢，弹出"PTIME-Database Options"（PTIME-数据库选项)对话框,如图 7-38 所示。

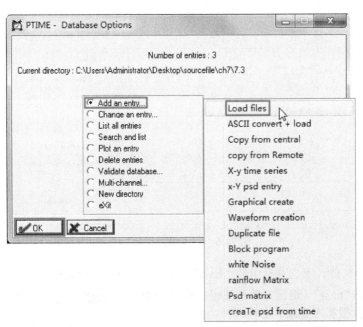

图 7-38　"PTIME - Database Options"对话框

在该对话框中选中"Add an entry..."单选按钮，单击"OK"按钮 ▢✎OK▢，在弹出的菜单中选择"Load files"（加载文件）选项，弹出"PTIME-Load Time History"（PTIME - 加载时间历程）对话框，如图 7-39 所示，进行如下设置。

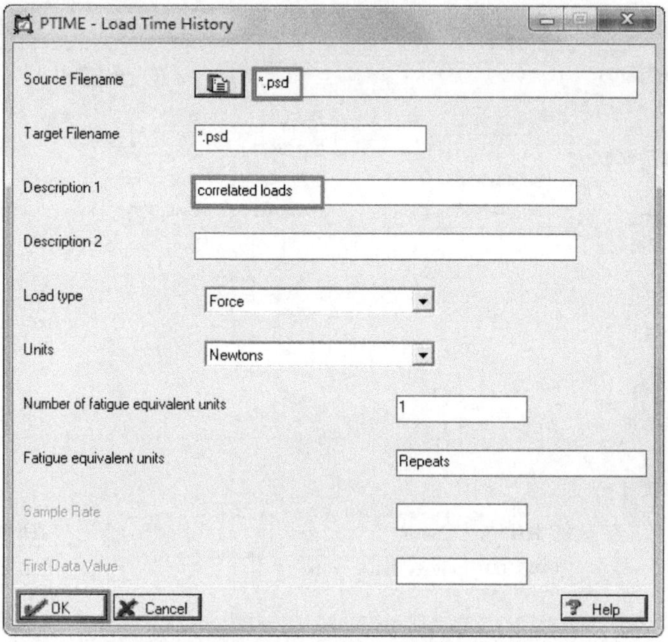

图 7-39　"PTIME - Load Time History"对话框

Source Filename（原文件名）：输入"*.psd"。

Description 1（描述 1）：输入"correlated loads"（相关载荷）。

其他采用默认设置，单击"OK"按钮 ✔ OK ，在弹出的对话框中直接单击"End"（结束）按钮 ✋ End 。返回到图 7-38 所示的对话框，然后在该对话框中选中"Multi-channel..."（多通道显示）单选按钮，单击"OK"按钮 ✔ OK ，在弹出的菜单中选择"Display Histories"（显示历史记录）选项，系统弹出"MMFD - MFD Setup"（MMFD - MFD 设置）对话框，如图 7-40 所示。

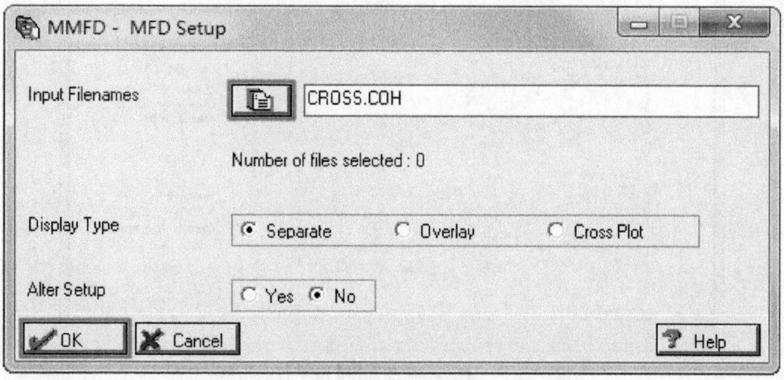

图 7-40　"MMFD-MFD Setup"对话框

在该对话框中单击"文件列表"按钮 📋 ，系统弹出"打开"对话框，如图 7-41 所示。在该对话框中只有 .dac 格式的文件，我们需要在"文件名"文本框中输入"*.psd"，按 Enter 键，此时才会出现我们所需要的 PSD 文件。然后选择"7d_44-50. psd""8d_44-50. psd""9d_44-50. psd"这 3 个相关联的时间历程文件，选择完成后，单击"OK"按钮 ✔ OK ，打开这 3 个相关联载荷的时间历程曲线，如图 7-42 所示。

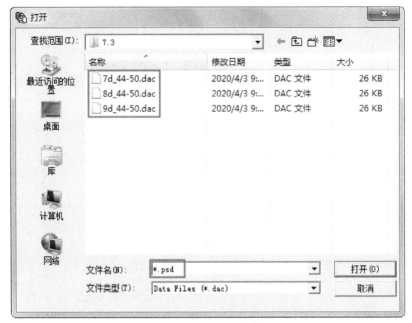

图 7-41　"打开"对话框

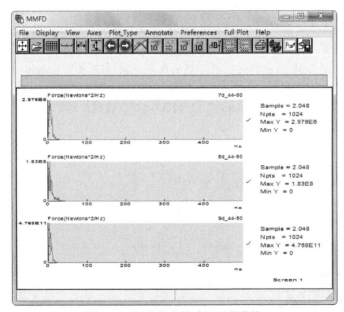

图 7-42　相关载荷的时间历程曲线

选择"File"（文件）下拉菜单中的"Exit"（退出）命令，关闭载荷曲线图。返回到图 7-38 所示的对话框，选中"eXit"（退出）单选按钮，单击"OK"按钮 ，返回到"Time Series To Frequency Domain"（加载时间历程到频率范围）对话框，然后单击"OK"按钮 ，关闭该对话框。

此时系统返回到"Loading Vibration Information"（加载振动信息）对话框（见图 7-30），在该对话框中单击"Select a Matrix File"（选择矩阵文件）按钮 ，弹出"Select File"（选择文件）对话框，如图 7-43 所示。

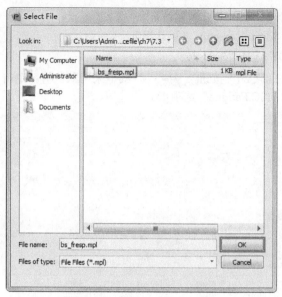

图 7-43　"Select File"对话框

选择矩阵文件后，单击"OK"按钮 [　OK　]，矩阵文件自动填充到"Loading Vibration Information"（振动载荷信息）对话框中，如图 7-44 所示。对角线方向是非相关联的载荷，非对角线方向是相关联的载荷。设置完成后单击"OK"按钮 [　OK　]，关闭该对话框。

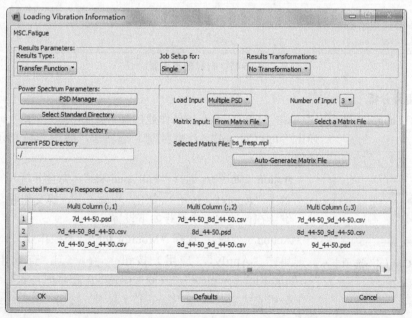

图 7-44　"Loading Vibration Information"对话框

5.设置材料的疲劳特性

在"MSC.Fatigue"选项卡中单击"Material Info…"（材料信息）按钮 [　Material Info…　]，弹出"Materials Information"（材料信息）对话框，如图 7-45 所示，进行如下设置。

单击"Material"（材料）列下的空白栏，浏览并选择材料"Manten MSN"。

Finish（加工）：选择"Polished"（抛光的）。

Region（组）：选择"default_group"（默认组）。

Region Layer（组层）：选择"3-At Z2"。

设置完成后，单击"Fill Cell"按钮 [Fill Cell]，其他采用默认值。单击"OK"按钮 [OK]，关闭该对话框，返回到"MSC.Fatigue"选项卡。

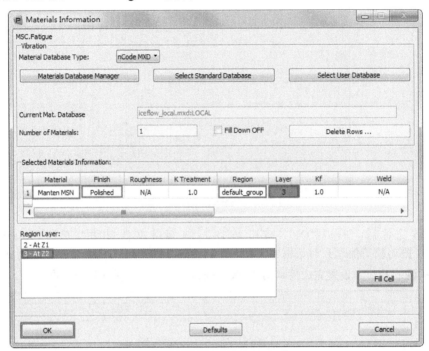

图 7-45　材料信息设置

6. 运行疲劳分析

在"MSC.Fatigue"选项卡中单击"Job Control…"（作业控制）按钮 [Job Control...]，弹出"Job Control"（作业控制）选项卡，如图 7-46 所示，进行如下设置。

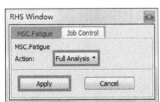

图 7-46　"Job Control"选项卡

Action（处理）：选择"Full Analysis"（完全分析）。

单击"Apply"（应用）按钮 [Apply]，提交作业。

继续在该选项卡中进行如下设置。

Action（处理）：选择"Monitor Job"（监控作业）。

单击"Apply"（应用）按钮 [Apply]，查看计算进展。当"…fatigue job complete"（疲劳工作完成）出现时，表明分析完成。

分析完成后，单击"Cancel"（取消）按钮 [Cancel]，关闭该选项卡。

7. 查看分析结果

在"MSC.Fatigue"选项卡中单击"Fatigue Results…"（疲劳结果）按钮 [Fatigue Results...]，进入"Fatigue Results"（疲劳结果）选项卡，如图 7-47 所示，进行如下设置。

图 7-47　"疲劳结果"选项卡

Action（处理）：选择"Read Results"（读取结果）。

单击"Apply"(应用)按钮 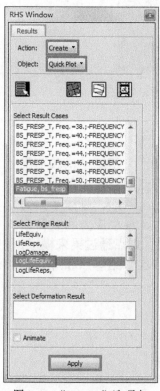 ，导入疲劳分析结果。

单击软件界面中最上方的"Results"(结果)选项卡，右侧弹出"Results"(结果)选项卡，如图 7-48 所示，进行如下设置。

Action（处理）：选择"Create"（新建）。

Object（对象）：选择"Quick Plot"（快速绘图）。

Select Result Cases：在列表框中选择"Fatigue, bs_fresp"。

Select Fringe Result：在列表框中选择"LogLifeEquiv,"。

单击"Apply"(应用)按钮 ，生成的寿命云图如图 7-49 所示。

图 7-48 "Results"选项卡

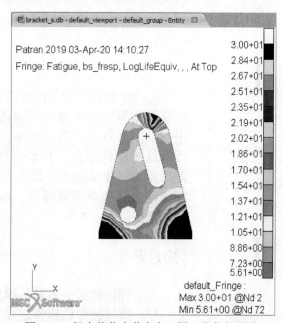

图 7-49 组合载荷疲劳寿命云图（载荷相关联）

7.2.4 分析总结

本例在组合载荷状态下，由于条形孔处有载荷的作用，会产生应力集中，因此寿命比较低。我们感兴趣的位置是下部圆孔附件，关键位置是 72 号节点处。

第 8 章
焊接疲劳分析

　　Radaj 和 Sheppard 通过研究指出[1]，不同结构和不同载荷形式下的焊点疲劳可以通过对焊点周围板上局部应力进行数值计算分析的方法来评估。Rupp 等人[2]描述了如何计算这些结构应力，并基于最大应力、最小应力和载荷谱对焊点进行疲劳寿命计算。一般来讲，焊点通过梁来模拟，焊缝通过板壳单元来模拟。本章将依次介绍焊点和焊缝的处理方法。

/ 知识重点

- ➲ 焊接疲劳的有限元模型
- ➲ 焊接疲劳的操作过程

---

　　① Radaj D. Local Fatigue Strength characteristic Values for Spot Welded Joints[J]. Engineering Fracture Mechanics, 1993, 37(1): 245-250.

　　② Rupp A.Computer Aided Dimensioning of Spot-welded Automotive Structures[J]. SAE Technical Paper 950711, 1995.

8.1　实例——车身结构的焊点疲劳分析

本节以车身结构的焊点疲劳分析案例来介绍焊点疲劳分析方法。

8.1.1　问题描述

对车身的部分结构进行分析，确定金属板焊接在一起时，不同位置焊点的可靠性。图 8-1 所示的模型一端固定，中心毂的区域部分承受竖直力和水平力，另一端承受一个扭矩。每一个载荷都随着时间变化，独立于其他两个载荷。在金属板之间建立刚性梁单元作为焊点本身模型。在有限元分析中已包含这些焊点梁单元的力和扭矩，并在随后的疲劳分析中得到应用。焊点疲劳分析基于 *S-N* 方法。

在开始分析以前，应先将需要的计算结果文件"spot.op2"和载荷文件"horizontal.asc"（水平的）、"vertical.asc"（垂直的）、"torque.asc"（转矩）从配套资源":\sourcefile"复制到当前工作目录。

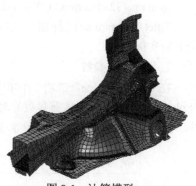

图 8-1　计算模型

8.1.2　导入有限元模型和应力分析结果

1. 创建新数据库文件

双击图标 ，启动 Patran 2019。单击"Home"（主页）选项卡下"Defaults"（默认）面板中的"New"（新建）按钮 ，弹出"New Database"（新建数据库）对话框，在"File name"（文件名）文本框中输入文件名"spot_weld.db"，单击"OK"按钮 ，创建一个新数据库文件。

2. 导入模型和结果

单击软件界面中最上方的"Analysis"（分析）选项卡，右侧弹出"Analysis"（分析）选项卡，如图 8-2 所示，进行如下设置。

Action（处理）：选择"Access Results"（访问结果）。

Object（对象）：选择"Read Output2"（读取 .op2 格式的结果文件）。

Method（方法）：选择"Both"（两者），表示读取模型及结果。

单击"Select Results File..."（选择结果文件）按钮 ，浏览并选择结果文件"spot.op2"，单击"OK"按钮 ，最后单击"Apply"（应用）按钮 ，导入的模型如图 8-1 所示。

图 8-2　导入有限元分析结果

8.1.3　焊点疲劳分析

1. 总体设置

单击软件界面中最上方的"Durability"（耐用性）选项卡，弹出"MSC. Fatigue"选项卡，如图 8-3 所示，进行如下设置。

Analysis（分析）：选择"Spot Weld"（焊点）。

Results Loc.（锁定结果）：选择"Both"（两者）。

Nodal Ave.（节点主道）：选择"Global"（全局）。

F.E. Results（F.E. 结果）：选择"Force"（力）。

Res. Units（结果单位）：选择"N, mm"（牛 / 毫米）。

Solver（求解器）：选择"Classic"（经典）。

Jobname(32 chrs max)（作业名称）：输入作业名称"spot_weld"。

Title(80 chrs max)（标题）：输入简要描述标题"Spot Weld Fatigue Analysis Example"（焊点疲劳分析实例）。

2. 设置求解参数

在"MSC. Fatigue"选项卡中单击"Solution Params…"（求解参数）按钮 <kbd>Solution Params...</kbd>，弹出"Solution Parameters"（求解参数）对话框，如图 8-4 所示，采用默认设置，即"Certainty of Survival"为"50.0%"（存活率为 50%），单击"OK"按钮 <kbd>OK</kbd>。

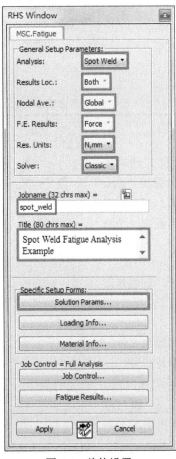

图 8-3　总体设置

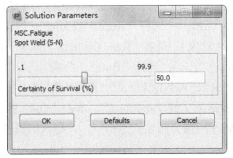

图 8-4　设置求解参数

3. 定义组

在继续下面的操作之前，先定义一个组，把所有的 CBARS 单元定义为组 beams（梁）。这意味着所有的焊点 nugget（块）都具有相同的半径，sheet（薄板）都有相同的厚度。

在主菜单中选择"Group"（组）→"Create"（新建）命令，弹出图 8-5 所示的"Group"（组）选项卡，进行如下设置。

Action（处理）：选择"Create"（新建）。

Method（方法）：选择"Element Shape"（单元形状）。

Group Name（组名）：输入"beams"（梁）。

Element Shapes（单元形状）：选择"Bar"（梁）。

设置完后单击"-Apply-"（应用）按钮 -Apply-，然后单击"Cancel"（取消）按钮 Cancel，退出"Group"选项卡。

注意

必须提前建立一个组 beams（梁），以便定义焊点的材料，对焊点进行显示。

4. 设置材料信息及查看 *S-N* 曲线

（1）设置材料信息。

在"MSC. Fatigue"选项卡中单击"Material Info…"（材料信息）按钮 Material Info… （见图 8-3），弹出"Spot Weld Materials Information"（焊点材料信息）对话框，进行图 8-6 所示的设置。

在"Number of Groups"（组数）文本框中输入"1"，然后单击"Group"（组）列下的空白栏，选择"beams"（梁），单击"Fill Cell"按钮 Fill Cell。接下来继续进行如下设置。

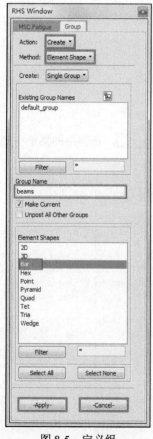

图 8-5 定义组

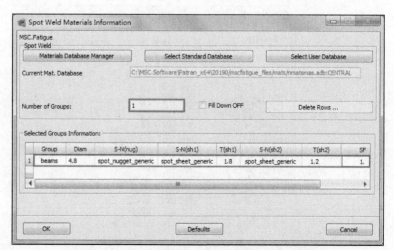

图 8-6 "Spot Weld Materials Information"对话框

Diam（直径）：输入"4.8"。

S-N(nug)：选择"spot_nugget_generic"。

S-N(shl)：选择"spot_sheet_generic"。

T(shl)：输入"1.8"。

S-N(sh2)：选择"spot_sheet_generic"。

T(sh2)：输入"1.2"。

SF：采用默认值"1.0"。

（2）查看材料的 *S-N* 曲线。

设置完成后，单击"Materials Database Manager"（材料数据库管理器）按钮 Materials Database Manager ，弹出图 8-7 所示的对话框。

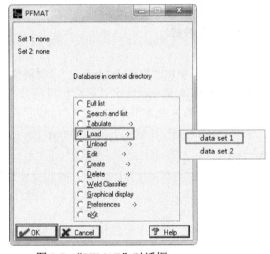

图 8-7 "PFMAT"对话框

在该对话框中选中"Load"（负载）单选按钮，单击"OK"按钮 OK ，在弹出的菜单中选择"data set 1"（数据集 1）选项，弹出图 8-8 所示的对话框。

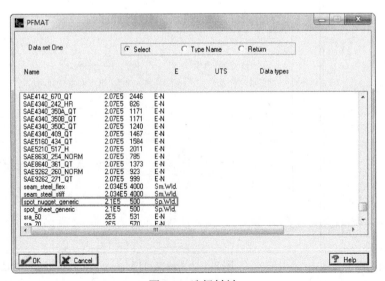

图 8-8 选择材料

在该对话框中选择"spot_nugget_generic",返回到图 8-7 所示的对话框。

继续在该对话框中选中"Load"(负载)单选按钮,单击"OK"按钮 OK ,在弹出的菜单中选择"data set 2"(数据集 2)选项,弹出图 8-8 所示的对话框,选择"spot_sheet_generic",返回到图 8-7 所示的对话框。

在图 8-7 所示的对话框中选中"Graphical display"(图形显示)单选按钮,单击"OK"按钮 OK ,显示 *S-N* 曲线,如图 8-9 所示。

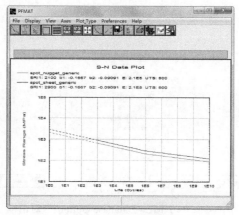

图 8-9 *S-N* 曲线图

选择"File"(文件)下拉菜单中的"Exit"(退出)命令,退出 *S-N* 曲线显示窗口。返回到图 8-7 所示的对话框,选中"eXit"(退出)单选按钮,单击"OK"按钮 OK ,退出该对话框。然后在"Spot Weld Materials Information"(焊点材料信息)对话框中单击"OK"按钮 OK ,退出该对话框。

5. 设置载荷信息

为了使用线弹性有限元分析结果进行疲劳寿命分析,我们必须定义载荷随时间的变化而变化。在 MSC Fatigue 中,使用载荷数据库管理程序 PTIME 很容易实现。

(1)定义载荷谱。

在"MSC. Fatigue"选项卡中单击"Loading Info…"按钮 Loading Info… ,弹出"Loading Information"(载荷信息)对话框,如图 8-10 所示。

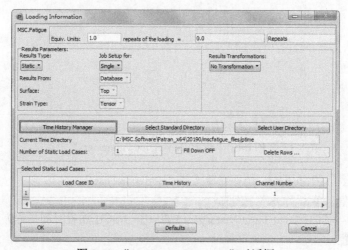

图 8-10 "Loading Information"对话框

单击"Time History Manager"（时间历程管理器）按钮 ，弹出"PTIME - Database Options"（PTIME - 数据库选项）对话框，如图 8-11 所示。

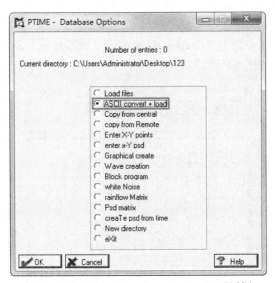

图 8-11 "PTIME - Database Options"对话框

在该对话框中选中"ASCII convert + load"单选按钮，单击"OK"按钮，弹出"PTIME - ASCII Conversion Parameters"（PTIME - ASCII 转换参数）对话框，如图 8-12 所示，在该对话框中进行如下设置。

图 8-12 "PTIME - ASCII Conversion Parameters"对话框

单击"文件列表"按钮，选择载荷文件"horizontal.asc"。

其他采用默认值，单击"OK"按钮。

弹出"PTIME - ASCII Load Time History"（PTIME - ASCII 加载时间历程）对话框，如图 8-13 所示，进行如下设置。

Source Filename（源文件名）：选择"horizontal"（水平的）。

Description 1（描述 1）：输入载荷的简要描述"Horizontal Load"（水平载荷）。

Load type（载荷类型）：选择"Force"（力）。

Units（载荷单位）：选择"Newtons"（牛顿）。

其他采用默认值，单击"OK"按钮 ![OK] 。

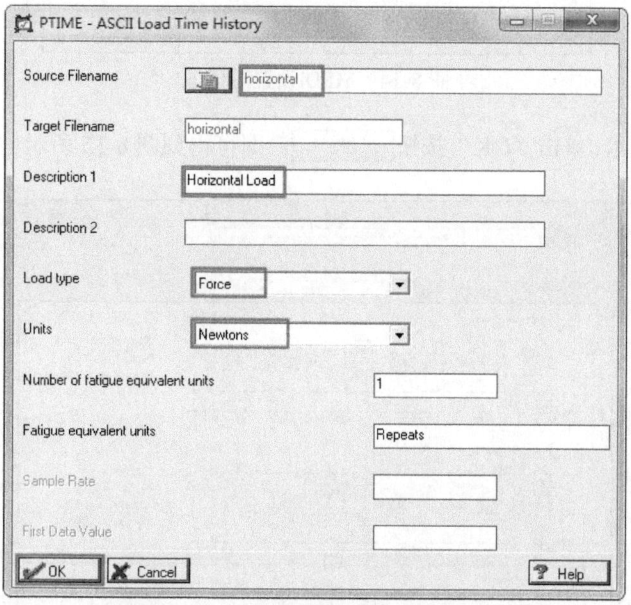

图 8-13　ASCII 加载时间历程对话框

此时返回到"PTIME-Database Options"（PTIME - 数据库选项）对话框，在该对话框中选中"Add an entry…"单选按钮，然后单击"OK"按钮 ![OK] ，在弹出的菜单中选择"ASCII convert + load"（ASCII 转换＋载荷）选项，按照上面的方法，将载荷文件"vertical.asc"导入。在图 8-13 所示的"PTIME-ASCII Load Time History"（PTIME-ASCII 加载时间历程）对话框中，在"Description 1（描述 1）"文本框中输入"Vertical Load"（垂直载荷），其他采用默认设置，单击"OK"按钮 ![OK] ，重新返回到"PTIME-Database Options"（PTIME- 数据库选项）对话框。

在该对话框中重复以上的操作，导入"torque.asc"（转矩）载荷文件，在图 8-13 所示的"PTIME - ASCII Load Time History"（PTIME-ASCII 加载时间历程）对话框中，在"Description 1（描述 1）"文本框中输入"Torque"（转矩），然后进行如下设置。

Load type（载荷类型）：选择"Moment"（力矩）。

Units（单位）：选择"Nmm"（牛·毫米）。

其他采用默认值，单击"OK"按钮 ![OK] 。

返回到"PTIME-Database Options"（PTIME - 数据库选项）对话框（见图 8-11）。此时该对话框中会多出"Multichannel…"（多通道）单选按钮，选中该单选按钮后，单击"OK"按钮 ![OK] ，在弹出的菜单中选择"Display Histories"（显示历史记录）选项，弹出图 8-14 所示的"MMFD - MFD Setup"（MMFD - MFD 设置）对话框。单击"文件列表"按钮 ![图标] ，从文件管理器中选择 3 个载荷文件，即"horizontal.dac"（水平的）、"vertical.dac"（垂直的）和"torque.dac"（转矩），选择完后，单击"打开"按钮 ![打开(O)] ，此时对话框中"Number of files selected"（选择的文件数）的值自动由 0 变为 3。

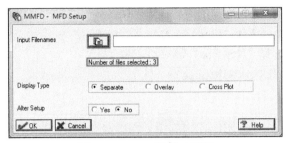

图 8-14 MFD 设置对话框

其他采用默认选项，单击"OK"按钮 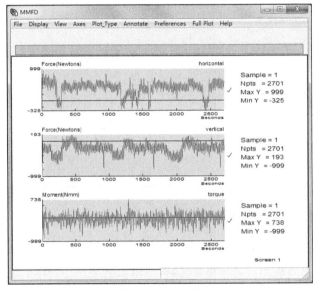，即可得到图 8-15 所示的载荷谱。

图 8-15 载荷谱

（2）关联载荷谱与有限元分析结果。

选择"File"（文件）下拉菜单中的"Exit"（退出）命令，关闭绘图窗口，返回到"PTIME - Database Options"（PTIME- 数据库选项）对话框中，选中"eXit"单选按钮，单击"OK"按钮 ，返回到"Loading Information"（载荷信息）对话框（见图 8-10）。

接下来需要将刚刚创建的随时间变化的载荷与有限元载荷工况关联起来。有 3 块信息必须输入对话框中部的表格中，其余参数使用默认的设置。

在"Loading Information"（载荷信息）对话框中的"Number of Static Load Cases"（静态负载案例数量）文本框中输入"3"，按 Enter 键，则"Selected Static Load Cases"（选定的静态负载案例）下的"Load Case ID"（载荷实例 ID）、"Time History"（时间历程）、"Load Magnitude"（载荷幅度）等由一排变成 3 排。

如果有许多载荷工况，一个一个输入太麻烦，此时勾选"Fill Down OFF"（向下填充）复选框，使之变为"Fill Down ON"（向下填充），这样在"Load Case ID""Time History""Load Magnitude"等选项下面的栏中只需输入一个载荷工况，其余的都会自动输入。

单击"Load Case ID"（载荷工况 ID）列下面的空白栏，在"Loading Information"对话框下部出现"Get/Filter Results..."（获取 / 过滤结果）按钮和"Results Parameters"（结果参数）选项，单

击"Get/Filter Results..."按钮 [Get/Filter Results...]，弹出"Results Filter"（过滤结果）对话框，在该对话框中勾选"Select All Results Cases"（选择所有结果案例）复选框，单击"Apply"（应用）按钮 [Apply]，有3个载荷工况出现在左下角的列表框中（见图8-16）。

选择第一个工况"2.1-Load Case 1, Static Subcase"（2.1-负载实例，静态子工况），在右侧列表框中选择"2.1-Bar Forces, Rotational"（2.1-梁力，旋转）或者"2.2-Bar Forces, Translation"（2.2-梁力，平移），3个载荷工况全部自动选中。被选择的工况和它的应力结果以内部编号的方式填充到表格中。

成功地选择有限元工况之后，中间列"Time History"（时间历程）被激活，选择"HORIZONTAL.DAC"，其他两个工况自动输入。

单击"Load Magnitude"（载荷幅度）列下的第一个文本框，输入数值"1000"，然后按Enter键，其他两个工况的"Load Magnitude"（载荷幅度）列也自动输入"1000"。单击第三个工况的"Load Magnitude"（载荷幅度）列，将"1000"改为"100000"，按Enter键，如图8-16所示。设置完成后，单击"OK"按钮 [OK]，关闭"Loading Information"（载荷信息）对话框。

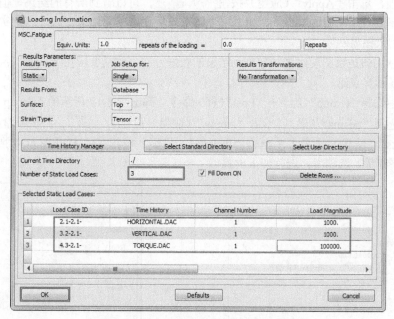

图8-16 "Loading Information"对话框

6. 运行疲劳分析

在"MSC. Fatigue"选项卡中单击"Job Control..."（作业控制）按钮 [Job Control...]（见图8-3），进行如下设置。

Action（处理）：选择"Full Analysis"（全面分析）。

单击"Apply"（应用）按钮 [Apply]，提交作业。

完成疲劳分析后，将"Action"（处理）设置为"Monitor Job"（监控作业），单击"Apply"（应用）按钮 [Apply]，查看计算进展。当信息栏中出现"$# Job Spot weld analysis complete"（焊点分析完成）时，表明分析完成。完成后，单击"Cancel"（取消）按钮 [Cancel]，返回"MSC. Fatigue"选项卡。

因为载荷的复杂性和焊点的数量多，所以这个工作要运行几分钟。在两个板的焊点周围每隔10°计算一下应力和疲劳损伤，这也会增加计算时间。

8.1.4　查看分析结果

1. 导入结果

在"MSC. Fatigue"选项卡中单击"Fatigue Results…"（疲劳结果）按钮 Fatigue Results... ，弹出"Fatigue Results"（疲劳结果）选项卡，进行如下设置。

Action（处理）：选择"Read Results"（读取结果）。

单击"Apply"（应用）按钮 Apply ，导入疲劳分析结果。然后单击"Cancel"（取消）按钮 Cancel ，返回到"MSC. Fatigue"（疲劳分析）选项卡。

2. 显示焊点寿命

单击软件界面中最上方的"Results"（结果）选项卡，右侧弹出"Results"（结果）选项卡，可以看见产生了一个新的结果文件"SPOT WELD ANALYSIS, spot_weldfef"（焊点分析，焊点），选择这个结果文件，然后在"Select Fringe Result"（选择云纹结果）列表框中选择"Log of Life（Repeats）"选项，单击"Apply"（应用）按钮 Apply ，可以看到所有的结果。但是由于这些焊点和模型其他部分的尺寸相比太小了，加上这个结果被保存成单元结果形式，因此实际上这个结果不能用（看不到云图显示）。

使用单元标记图是绘图观察这些梁单元结果的较好方法，这需要应用 Insight（洞察）模块来完成。首先需要显示焊点组。

在主菜单中选择"Group"（组）→"Post"（杆）命令，弹出图 8-17 所示的"Group"（组）选项卡，在该选项卡中选择"beams"（梁），单击"Apply"（应用）按钮 Apply ，显示焊点组。

在"Results"（结果）选项卡中单击"Insight"（洞察）按钮 💡，打开图 8-18 所示的"Insight Imaging"（洞察成像）选项卡，进行如下设置。

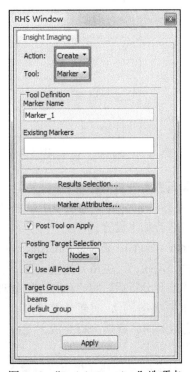

图 8-17　显示组　　　　　　　图 8-18　"Insight Imaging"选项卡

Action（处理）：选择"Create"（创建）。

Tool（工具）：选择"Marker"（标记）。

单击"Results Selection…"（选择结果）按钮 ，弹出"Results Selec-tion"（选择结果）对话框，如图 8-19 所示，进行如下设置。

Current Load Case(s)（当前负载工况）：选择"5.4-SPOT WELD ANALYSIS, spot_weldfef"（焊点分析，焊点），然后单击"Update Results"（更新结果）按钮 Update Results 。

Marker Result（标记结果）：选择"9.1-Log of Life in Repeats,"。

单击"OK"按钮 OK ，返回到"Insight Imaging"（洞察成像）选项卡。在该选项卡中单击"Marker Attributes…"（标记属性）按钮 Marker Attributes... ，弹出"Marker Attributes"（标记属性）选项卡，如图 8-20 所示，进行如下设置。

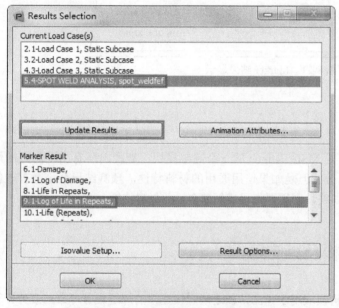

图 8-19　"Results Selection"对话框

图 8-20　"Marker Attributes"对话框

Type（类型）：选择"Sphere"（球形）。

Scale（规模）：选择"Screen"（屏幕）。

Scale Factor（比例因子）：直接输入"0.03"或移动游标至 0.03。

单击"OK"按钮 OK ，返回到"Insight Imaging"（洞察成像）选项卡（图 8-18），继续在该选项卡中进行如下设置。

Target（对象）：选择"Elements"（单元）。

Use All Posted（使用所有已发布的）：取消勾选该复选框。

Target Groups（目标组）：只选择"beams"（梁）。

单击"Apply"（应用）按钮 Apply ，出现图 8-21 所示的画面。图 8-21 中使用了涂色的绘制标记，能使用户很容易、很快地识别出模型里最危险的焊点。

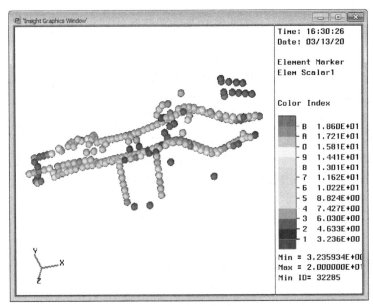

图 8-21　Marker 结果显示

8.1.5　分析总结

焊点分析程序灵活、易于使用，是 MSC Fatigue 的一个完整模块，能找出所有出现问题的焊点。这种方法通常适用于处理多轴载荷。但是如果使用通用的材料特性，预测结果会稍微有些保守。如果要求更合适的焊点材料 *S-N* 曲线，则需要查寻或创建自己的材料特性。

8.2　实例——焊缝疲劳分析及其应用

在 MSC Fatigue 中，焊缝疲劳分析模块用于预测薄板连续焊接连接的焊缝疲劳寿命，疲劳计算只在自动提取的焊接区域进行，而不进行整体模型的疲劳计算。本节先介绍 MSC Fatigue 中各种焊接形式的疲劳特征和建模方法，然后以案例形式来介绍在 MSC Fatigue 中使用 DTLib 求解器进行焊缝疲劳分析的过程和方法。

8.2.1　焊接类型和建模方法

在 MSC Fatigue 中，基于 DTLib 求解器，焊缝疲劳支持 5 种焊缝焊接类型。需要注意的是，在进行焊缝疲劳分析时，MSC Fatigue 预期是在壳单元的上表面（即 MSC Nastran 中的 Z2 面）萌生裂纹，因此除了通用（Generic）类型外，疲劳计算都是在壳单元的上表面进行的。这就要求焊缝建模时需要注意壳单元的法线方向。下面就对各种焊接类型的裂纹萌生面、焊趾和焊根位置及焊缝的有限元建模方法进行说明。

1. 角焊缝（Fillet Welds）

角焊缝以一定角度通过焊接连接两块薄板。图 8-22 所示是单面焊缝的横截面图，图中标记的焊趾或焊根处是角焊缝最有可能的失效（疲劳裂纹）位置，这些位置也就是 MSC Fatigue 评估疲劳损伤的位置。图中的 $Z1$、$Z2$ 分别表示壳单元的下表面和上表面（下同），有限元建模时需注意壳单元的法线方向。对于角焊缝，除非焊缝质量差或者焊道尺寸过小，否则焊喉不太可能失效。

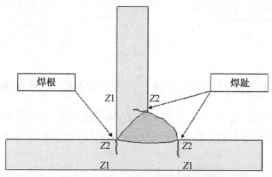

图 8-22　角焊缝及其失效位置

　　角焊缝的有限元建模可以用一行倾斜的壳单元建模，如图 8-23 所示，图中粗箭头所指的线代表焊缝单元；也可以用两行壳单元建模，如图 8-24 所示。

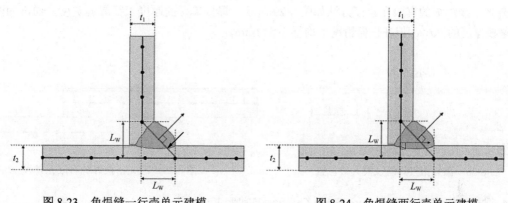

图 8-23　角焊缝一行壳单元建模　　　　图 8-24　角焊缝两行壳单元建模

　　图中 L_w 的长度可根据焊趾的实际尺寸来确定，一个典型的推荐值是：$L_w=t_1+t_2$。其中 t_1 和 t_2 分别为两块板的厚度（下同）。

　　焊缝单元的厚度应代表焊喉的厚度，不同的建模方法其取值不同。当使用一行壳单元建模时，其厚度可取为 $0.707(t_1+t_2)$；当使用两行壳单元建模时，其厚度可取为 $0.35(t_1+t_2)$。

2. 搭接焊缝（Overlap Welds）

　　搭接焊缝类似于角焊缝，只是要连接的两块板是平行的，如图 8-25 所示。图中标记的焊趾和焊根是可能的失效位置，即疲劳求解器计算疲劳损伤的位置。

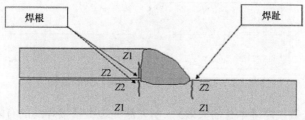

图 8-25　搭接焊缝及其失效位置

和角焊缝类似，搭接焊缝有限元建模也有两种建模方法，即采用一行壳单元建模和采用两行壳单元建模，分别如图 8-26 和图 8-27 所示。

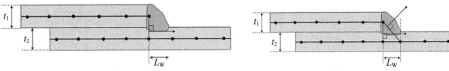

图 8-26　搭接焊缝一行壳单元建模　　　　图 8-27　搭接焊缝两行壳单元建模

对于搭接焊缝，典型长度 $L_w=t_1+t_2$。采用一行壳单元建模时，焊缝单元厚度应设置为两块薄板中较薄板厚度的 2 倍，但在任何情况下不小于 3mm；采用两行壳单元建模时，焊缝单元厚度约为 0.27（t_1+t_2）。

3. 激光搭接焊缝（Laser Overlap Welds）

对于激光搭接焊缝，焊缝疲劳失效有两类可能的模式，一种是在板材中引发和传播的失效，被归类为焊根失效；另一种是焊缝本身开裂，被归类为焊喉失效。图 8-28 所示为激光搭接焊缝的横截面图，图中标明了可能的失效位置。为清晰起见，图中放大了两板之间的间距。

激光搭接焊缝的有限元建模方法如图 8-29 所示。焊接单元的厚度表征焊缝宽度，通常为两板中较薄板厚度的 90%，但在任何情况下均不小于 1mm。

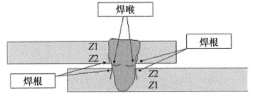
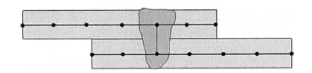

图 8-28　激光搭接焊缝及其失效位置　　　　图 8-29　激光搭接焊缝有限元建模

4. 激光边缘搭接焊缝（Laser Edge Overlap Welds）

激光边缘搭接焊缝的处理方式与搭接焊缝类似，不同之处只是因为焊道的尺寸比较小，有可能引起焊喉失效。所以激光边缘搭接焊缝有 3 种可能的失效模式，即焊趾失效、焊根失效和焊喉失效，如图 8-30 所示。

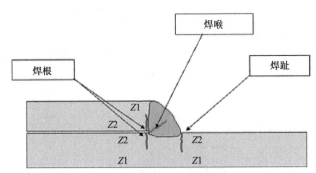

图 8-30　激光边缘搭接焊缝及其失效位置

由于要考虑焊喉失效（焊缝本身的失效），所以激光边缘搭接焊缝的有限元建模方法一般应采用一行壳单元建模，如图 8-31 所示。对于激光边缘搭接焊缝，焊缝单元的厚度应对应于焊喉，通常情况下焊缝厚度约为上板厚度的 0.7 倍。

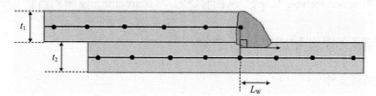

图 8-31　激光边缘搭接焊缝有限元建模

5. 通用焊缝（Generic Seam Welds）

除了前面所讲的 4 种焊缝，MSC Fatigue 还提供了"通用"焊缝选项，以便某些用户可以使用以前在 FE-Fatigue 中可用的一个保守选项。选择此选项，MSC Fatigue 将计算连接到焊接单元所有壳单元的上表面和下表面的损伤，所有这些位置都被视为焊趾，如图 8-32 所示。

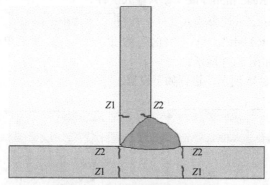

图 8-32　通用焊缝及其失效位置

下面以一 T 形接头为例讲解焊缝疲劳的分析过程和方法。

8.2.2　问题描述

图 8-33 所示是一 T 形接头连续焊缝模型，抽取接头方管的中间面并进行网格划分，焊缝用一行壳单元模拟。焊缝周围是规则的四边形单元，单元边长约 5mm。上面的方管端部通过 RBE2 单元作用集中力 394N，集中力按正弦规律变化，计算焊缝的疲劳寿命。

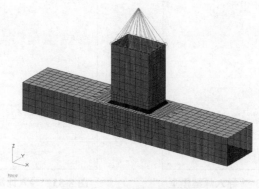

图 8-33　T 形接头焊缝模型

在开始焊缝疲劳分析前，应先将所需要的模型文件"master_teetube_oriented.bdf"和有限元静力计算结果文件"master_teetube_b.op2"从配套资源":\sourcefile"复制到当前工作目录。

8.2.3　导入有限元模型和应力分析结果

1. 创建新数据库文件

双击图标 📁 ，启动 Patran 2019。单击"Home"（主页）选项卡下"Defaults"（默认）面板中的"New"（新建）按钮 🗋 ，弹出"New Database"（新建数据库）对话框，在"File name"（文件名）文本框中输入文件名"seam_weld.db"，单击"OK"按钮 ⟨ OK ⟩ ，创建一个新数据库文件。

2. 导入模型和结果

单击软件界面中最上方的"Analysis"（分析）选项卡，右侧弹出"Analysis"（分析）选项卡，如图 8-34 所示，进行如下设置。

Action（处理）：选择 Read Input File（读入输入文件）。

单击"Select Input File…"（选择输入文件）按钮 ⟨ Select Input File... ⟩ ，浏览并选择模型文件"master_teetube_oriented.bdf"，单击"OK"按钮 ⟨ OK ⟩ ，最后单击"Apply"（应用）按钮 ⟨ Apply ⟩ ，读入的模型如图 8-33 所示。

导入计算结果，如图 8-35 所示，进行如下设置。

图 8-34　导入焊缝模型　　　　图 8-35　导入计算结果

Action（处理）：选择"Access Results"（访问结果）。

Object（对象）：选择"Read Output2"（读取 .op2 格式结果文件）。

Method（方法）：选择"Result Entities"（结果实体），读取计算结果。

单击"Select Results File…"（选择结果文件）按钮 Select Results File... ，浏览并选择结果文件"master_teetube_b.op2"，单击"OK"按钮 OK ，最后单击"Apply"（应用）按钮 Apply 。

8.2.4　创建焊缝组

为了对焊缝进行疲劳分析，需要创建两个组：一组包含焊缝单元，另一组包含其他的壳单元。MSC Fatigue 具有焊趾、焊根单元自动提取功能，所以在此只需创建焊缝单元组，壳单元组可以使用默认组。

单击软件界面中的"Group"（组）菜单，在下拉菜单中选择"Create…"命令，在弹出的"Group"选项卡中进行如下设置，如图 8-36 所示。

Action（处理）：选择"Create"（新建）。

Method（方法）：选择"Select Entity"（选择实体）。

New Group Name：输入组的名称"weld"。

Entity Selection：输入"elm 1422:1477"（选择单元编号 1422~1477 的单元）。

单击"- Apply -"（应用）按钮 -Apply- ，完成组的创建。加亮显示的焊缝单元如图 8-37 所示。

图 8-36　创建焊缝组

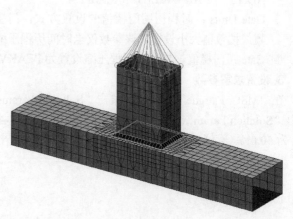

图 8-37　加亮显示的焊缝单元

8.2.5 焊缝疲劳分析

1. 总体设置

单击软件界面中最上方的"Durability"（耐用性）选项卡，弹出"MSC.Fatigue"选项卡，如图 8-38 所示，进行如下设置。

Analysis（分析）：选择"Seam Weld"（焊缝）。

Results Loc.（锁定结果）：选择"Both"（两者）。

Nodal Ave.（节点主道）：选择"Global"（全局）。

F.E. Results（F.E. 结果）：选择"Stress"（应力）。

Res. Units（结果单位）：选择"MPa"（兆帕）。

Solver（求解器）：设置为"DTLib"。

Jobname（32 chrs max）（作业名称）：输入作业名称"seamweld_toe"。

Title（80 chrs max）（标题）：输入简要描述标题"Seam Weld Analysis Example"（焊缝疲劳分析实例）。

2. 设置通用求解参数

在"MSC. Fatigue"选项卡中单击"General Params..."（通用参数）按钮 General Params... ，弹出"General Solution Para..."（通用求解参数）对话框，如图 8-39 所示。采用所有默认设置，单击"OK"按钮 OK 。

通用求解参数对话框允许用户更改所有基于 DTLib 的疲劳求解设置，该设置适用于所有疲劳分析类型。在此对话框中，与焊缝疲劳分析相关的选项简述如下。

- Number of Processors：用于设置此疲劳计算的并行核数。通过并行计算可以减少作业运行时间。并行核数可以是 1 和 10 之间的整数值。
- Log File Detail：日志文件的详细信息。定义日志文件中详细信息的级别，选项有"低""中""高"。级别越高，信息越多，文件越大。默认值为"低"。
- Output Max/Min Stress：输出最大 / 最小应力。确定是否在每个计算节点输出最大和最小应力循环。
- Time History Compression：时间历程压缩。确定如何压缩输入的时程数据，以加快疲劳计算速度，这可能会降低结果的准确性。这在快速识别损伤位置时特别有用。此选项应谨慎使用，因为并非所有加载循环都用于疲劳计算，所以会导致误差。时程压缩的选项有 NONE、PEAKVALLEY 和 LIMITS。
- Gate Units：时程压缩门槛值的设置方式。门槛值的设置方式有两个选项，即按百分比设置或按数值大小设置。该参数仅当时间历程压缩设置为 PEAKVALLEY 时使用。
- Gate：门槛值。当时间历程压缩设置为 PEAKVALLEY 时使用该值。

3. 设置求解参数

在"MSC. Fatigue"选项卡中单击"Solution Params..."（求解参数）按钮 Solution Params... ，弹出"Solution Param..."（求解参数）对话框，如图 8-40 所示。采用默认设置"Certainty of Survival"为 50.0%（存活率为 50%），单击"OK"按钮 OK 。

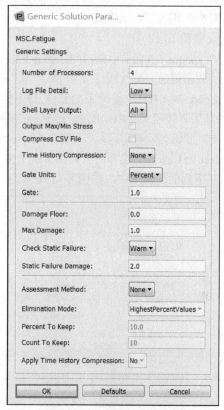

图 8-38　总体设置　　　　　　　　　　　图 8-39　设置通用求解参数

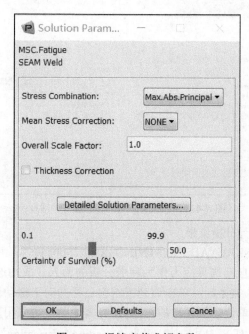

图 8-40　焊缝疲劳求解参数

4. 设置载荷信息

使用有限元分析结果进行疲劳寿命分析，还需要定义载荷随时间的变化关系，即载荷谱，并把载荷谱与对应的载荷工况关联起来。

（1）定义载荷工况。

在"MSC.Fatigue"选项卡中单击"Loading Info…"按钮 ，弹出"Loading Information"（载荷信息）对话框。

单击"Load Case ID"（载荷工况 ID）列下的空白栏，对话框下部出现"Get/Filter Results…"（获取 / 过滤结果）按钮和"Results Parameters"（结果参数）选项，单击"Get/Filter Results…"（获取 / 过滤结果）按钮 Get/Filter Results... ，弹出"Results Filter"（过滤结果）对话框，在该对话框中勾选"Select All Results Cases"（选择所有结果工况）复选框，单击"Apply"（应用）按钮，有两个载荷工况出现在左下角的列表框中，如图 8-41 所示。

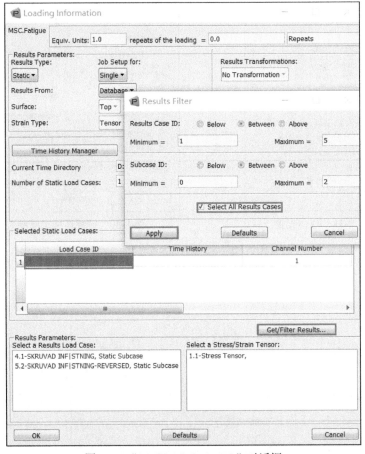

图 8-41 "Loading Information"对话框

（2）关联载荷谱与有限元分析结果。

选择第一个工况"4.1-SKRUVAD INF|STNING, Static Subcase"，由于该工况只有一个应力张量结果，所以 MSC Fatigue 自动选择应力作为疲劳分析的输入。成功选择有限元工况后，中间列"Time History"（时间历程）被激活，单击该列下的空白栏并向下拖动鼠标，从 MSC Fatigue 的载荷库中选择"Sine01.dac"（单位幅值标准的正弦波）。其他参数均采用默认设置，如图 8-42 所示。设置完成后，单击"OK"按钮 OK ，退出"Loading Information"（载荷信息）对话框。

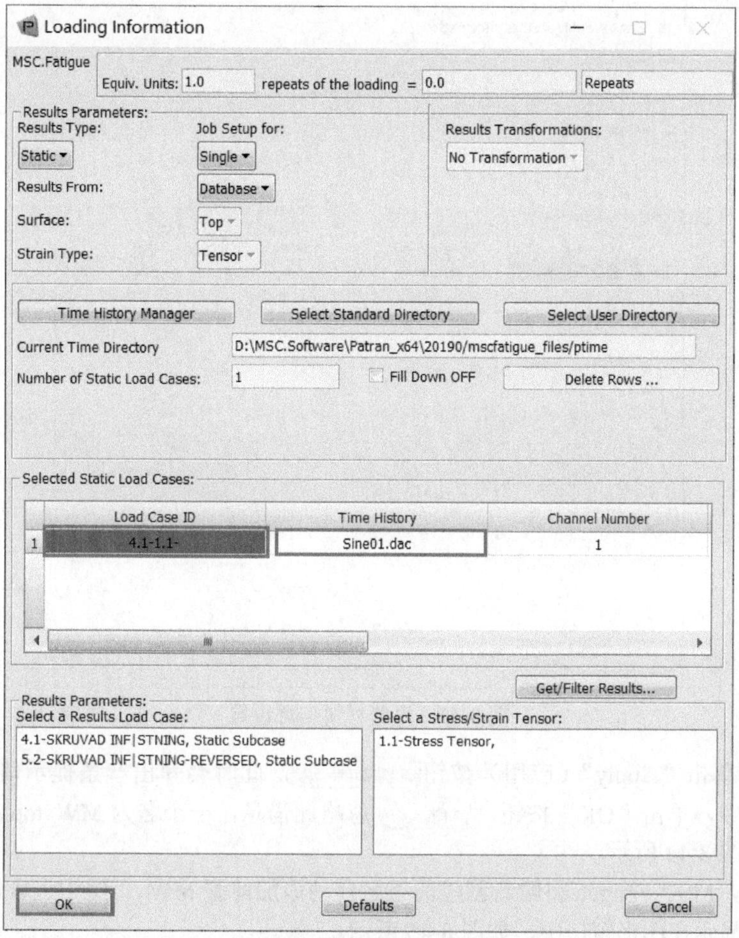

图 8-42 关联载荷谱与有限元分析结果

5. 设置材料信息

在"MSC. Fatigue"选项卡中单击"Material Info..."（材料信息）按钮 [Material Info...]（见图 8-38），弹出"SEAM Weld Materials Information"（焊缝材料信息）对话框，如图 8-43 所示。

在"Number of Groups"（组数）文本框中输入"1"，然后单击"Group"（组）列下的空白栏，在弹出的"Create SEAM-weld Group"（创建焊缝组）对话框中进行如下设置。

Plate Group（板组）：选择"default_group"（默认组）。操作方法：先单击"Plate Group"（板组）输入框，然后在"Groups in Model"（模型中的组）中选择"default_group"（默认组），再单击"Plate Group"（板组）输入框右边的"Select Group"（选择组）按钮，从而完成"Plate Group"（板组）的选择。

Weld Group（焊缝组）：选择"weld"（焊缝）。操作方法：先单击"Weld Group"（焊缝组）输入框，然后在"Groups in Model"中选择"weld"（焊缝），再单击"Weld Group"（焊缝组）输入框右边的"Select Group"（选择组）按钮，完成"Weld Group"（焊缝组）的选择。

Weld Type（焊缝类型）：选择"FILLET"。

Weld Location（焊接位置）：选择"TOE"，这里选择的是焊趾。

Create Node List（创建节点列表）：勾选该复选框。

Group Name（组名）：输入组的名称"toe"。

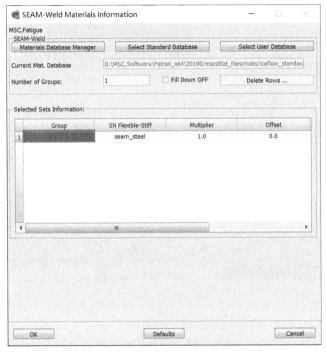

图 8-43　焊缝材料信息设置

设置完成后单击"Apply"（应用）按钮 [Apply]，此时会弹出一条提示信息，提示有三角形单元在焊缝组中，单击"OK"按钮 [OK] 忽略此消息，一个名为 MW_toe 的新组即被创建。上述操作过程如图 8-44 所示。

在程序内部，MSC Fatigue 将给新创建的组名自动添加前缀 MW_，组中包含焊趾单元和节点，此时新组将自动显示在图形窗口中，如图 8-45 所示。

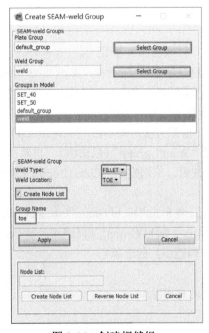

图 8-44　创建焊缝组

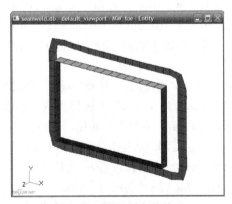

图 8-45　焊趾组中的单元

单击"Cancel"（取消）按钮 [Cancel]，关闭焊缝组创建对话框。以下设置被自动添加到"Selected Sets Information"组的剩余列中，如图 8-46 所示。

- ○ SN Flexible_Stiff："seam_steel"（焊缝材料）。
- ○ Multiplier："1.0"（载荷放大系数）。
- ○ Offset："0.0"（应力偏置）。
- ○ Type："FILLET"（焊缝类型）。
- ○ Location："TOE"（疲劳分析位置）。

其中 Type 和 Location 需向右拖动滑动条才能看到。

在"SEAM-Weld Materials Information"（焊缝材料信息）对话框中单击"OK"按钮 [OK]，退出该对话框。

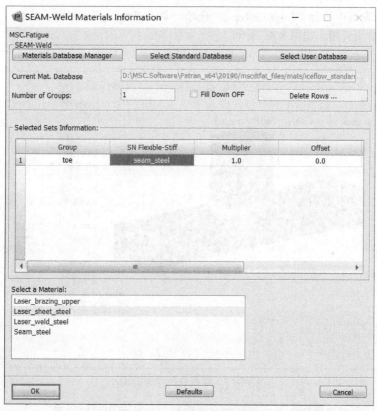

图 8-46　焊缝材料信息设置

6. 运行疲劳分析

在"MSC.Fatigue"选项卡中单击"Job Control…"（作业控制）按钮 [Job Control…]（见图 8-38），进入"Job Control"选项卡，进行如下设置。

Action（处理）：选择"Full Analysis"（完全分析）。

单击"Apply"（应用）按钮 [Apply]，提交分析作业。

完成疲劳分析后，将 Action（处理）设置为"Monitor Job"（监控作业），单击"Apply"（应用）按钮 [Apply]，查看计算进展。当信息栏中出现"…fatigue job complete"（疲劳分析完成）时，表明分析已完成。完成后，单击"Cancel"（取消）按钮 [Cancel]，返回"MSC.Fatigue"（疲劳分析）选项卡。

8.2.6 查看分析结果

1. 导入结果

在"MSC. Fatigue"选项卡中单击"Fatigue Results…"（疲劳结果）按钮 [Fatigue Results…]，弹出"Fatigue Results"（疲劳结果）选项卡，进行如下设置。

Action（处理）：选择"Read Results"（读取结果）。

单击"Apply"（应用）按钮 [Apply]，导入疲劳分析结果。然后单击"Cancel"（取消）按钮 [Cancel]，返回到"MSC. Fatigue"选项卡。

2. 显示焊缝疲劳寿命

单击软件界面中最上方的"Results"（结果）选项卡，右侧弹出"Results"（结果）选项卡，可以看见出现了一个新的结果工况"Fatigue, seamweld_toe"，选择这个结果工况，然后在"Select Fringe Result"列表框中选择"LogLifeReps,"选项，单击"Apply"（应用）按钮 [Apply]，就可以看到焊缝疲劳结果云图，如图 8-47 所示。

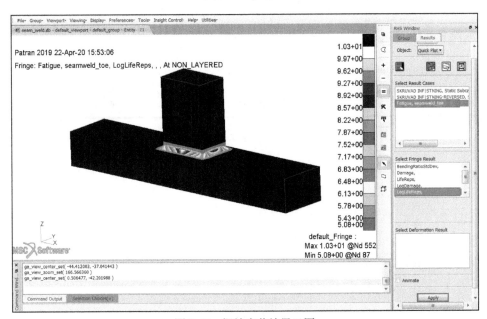

图 8-47　焊缝疲劳结果云图

为了更清晰地查看焊缝的疲劳寿命，可以设置显示焊缝的疲劳标记图。

首先显示焊趾组（因为本例的疲劳寿命是在焊趾位置计算的）。

在主菜单中选择"Group"（组）→"Post"（粘贴）命令，弹出图 8-48 所示的"Group"（组）选项卡，在该选项卡中选择"MW_toe"，单击"Apply"（应用）按钮 [Apply]，显示焊趾组。

在"Results"（结果）选项卡中进行如下设置。

Action（处理）：选择"Create"（创建）。

Object（对象）：选择"Marker"（标记）。

Method（方法）：选择"Scalar"（标量结果）。

单击"Select Results"按钮，在"Select Result Cases"下选择"Fatigue, seamweld_toe"，在"Select Scalar Result"下选择"LogLifeReps,"，如图 8-49 所示。

图 8-48　设置显示焊趾组

图 8-49　标记图参数设置

　　单击"Display Attributes"按钮，在"Scale Factor"输入框中输入"0.03"，在"Scalar Style"中选择"sphere"（球形）标识，不要勾选"Show Scalar Label"复选框，然后单击"Apply"（应用）按钮 Apply 。如图 8-50 所示。

　　单击"Apply"（应用）按钮 Apply 后，焊缝疲劳结果标记图如图 8-51 所示。

　　疲劳计算结果除了存储在二进制的结果文件中外，还可以输出到纯文本格式的 Excel 数据文件中。疲劳分析完成后，当前工作目录下生成 seamweld_toe.csv 文件，用户可用 Excel 软件打开该文件来查看疲劳结果数据。

图 8-50　标记图显示属性设置

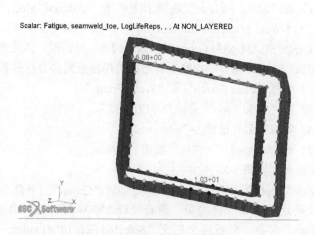

Scalar: Fatigue, seamweld_toe, LogLifeReps, , , At NON_LAYERED

图 8-51　焊缝疲劳结果标记图

8.2.7　多焊缝疲劳分析

前面的案例讲解了使用 MSC Fatigue 分析某一种焊接类型单个焊接位置的疲劳寿命，使用 MSC Fatigue 也可以分析多种焊接类型多个焊接位置的疲劳寿命。为了执行多区域分析，MSC Fatigue 偏好参数设置中的"FE Results Access"（有限元结果访问）选项需设置为"Direct Access"（直接访问）。默认情况下该参数设置是"fes file"。若要选择一次一个焊接区域模式，可以将"FE Results Access"选项设置为"fes file"。

T 形管模型的特征是角焊缝具有一行焊接单元、有一个焊趾区域和一个焊根区域，这两个区域都可以自动检测。以下步骤概述了如何设置多区域焊缝分析。确保 MSC Fatigue 偏好参数设置中的参数"FE Results Access"选项设置为"Direct Access"，如图 8-52 所示。

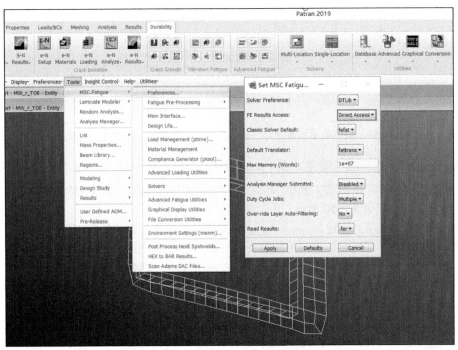

图 8-52　MSC Fatigue 偏好参数设置

（1）在"MSC. Fatigue"选项卡中单击"Material Info…"（材料信息）按钮（见图 8-38），弹出"SEAM-Weld Materials Information"（焊缝材料信息）对话框，单击"Group"列下的空白栏，打开"Create SEAM-weld Group"（创建焊缝组）对话框，并注意"Weld Location"下拉菜单不再可见，因为 MSC Fatigue 将自动检测所有适用的焊接位置并进行分析。

（2）选择"Plate Group"和"Weld Group"。

（3）将"Weld Type"设置为"FILLET"。

（4）将组的名称设置为"seamweld"。

（5）单击"Apply"（应用）按钮 [Apply]。

上述过程如图 8-53 所示。

单击"Apply"（应用）按钮 [Apply] 后，"Group"列下自动填充焊趾和焊根区域，如图 8-54 所示。

若要定义多个焊接类型，需在"SEAM-Weld Materials Information"对话框中设置"Number of Groups"参数，然后逐个定义"Selected Sets Information"下方表格中每一行的信息，在弹出

的菜单中完成每种焊接类型的定义。需要注意的是，每种焊接类型都应使用唯一的名称。在关闭
"SEAM-Weld Materials Information"对话框之前应删除任何未使用的行。

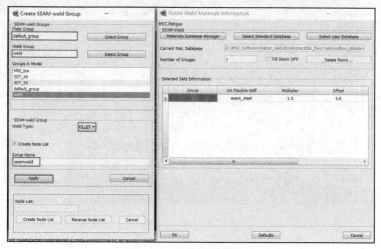

图 8-53　焊缝组创建过程

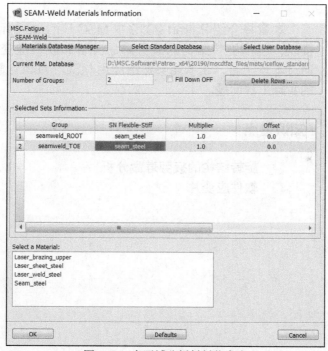

图 8-54　多区域分析材料信息表

8.2.8　分析总结

　　焊缝疲劳分析模块是进行薄板结构连续焊接疲劳分析的有力工具。焊缝分析组自动提取功能
非常有用，因为它消除了分析工程师在焊趾处手动创建焊接分组的工作。

　　使用通用材料特性的疲劳预测结果通常是保守的，但用户可以修改材料的疲劳特性数据或创
建自己的材料特性。

第 9 章
MSC Fatigue 的 其他模块与应用

本章将介绍 Patran 2019 中 MSC Fatigue 的两个专用模块，包括旋转结构的疲劳寿命分析和软件应变片功能。通过本章学习，读者能够熟练应用 MSC Fatigue 解决有关的实际工程问题。

/ 知识重点

- ➜ 旋转结构的疲劳寿命分析
- ➜ 软件应变片

9.1　实例——旋转结构的疲劳寿命分析

Patran 2019 中的 MSC Fatigue 提供了 Wheels（车轮）模块，可对车轮或其他旋转结构进行疲劳分析。旋转结构承受的载荷是沿着旋转体的外围传播的。将载荷施加到车轮连续扇区上完成仿真分析，在 MSC Fatigue 中使用每个载荷工况的应力结果，可以确定旋转变化的每一个节点的完整应力时间历程，计算出疲劳损伤，并为每一个节点绘制疲劳寿命云图和疲劳损伤云图。

9.1.1　问题描述

本节通过一个简单的实例来演示 MSC Fatigue 中车轮模块的用法，使读者熟悉使用车轮模块进行应力疲劳分析的基本步骤。

图 9-1 所示的模型为长为 80in，半径为 20in 的中空管。有限元网格采用四边形单元进行划分，厚度为 0.01in；每隔 10° 划分一个单元，在轴向方向上，边长为 10in；每隔 10° 施加一径向载荷，大小为 0.5 lb，共 36 个载荷步；薄壁管两端固定。这里给出载荷真实幅值的大小是因为 MSC Fatigue 的车轮模块以 KSI 为单位计算输出应力，如果在后面的分析中把单位搞错会得到错误的寿命结果。

图 9-1　旋转结构
有限元模型

在开始以前，应先将需要的"cylinder_model.op2"文件从配套资源":\sourcefile"复制到当前工作目录。

9.1.2　导入有限元模型和查看应力分析结果

（1）创建新数据库文件。

双击图标 ，启动 Patran 2019。单击"Home"（主页）选项卡下"Defaults"（默认）面板中的"New"（新建）按钮 □，弹出"New Database"（新建数据库）对话框，在"File name"（文件名）文本框中输入文件名"qsg_demo.db"，单击"OK"按钮 ▢ OK ▢，创建一个新数据库文件。

（2）导入有限元模型及分析结果。

由于要导入的模型是使用 MSC Nastran 软件计算应力，因此保留 MSC Fatigue 的默认设置，即分析软件为 MSC Nastran。

单击软件界面中最上方的"Analysis"（分析）选项卡，右侧弹出"Analysis"（分析）选项卡，如图 9-2 所示，进行如下设置。

Action（处理）：选择"Access Results"（访问结果）。

Object（对象）：选择"Read Output2"（读取 .op2 文件）。

Method（方法）：选择"Both"（两者），表示读取模型及结果。

单击"Select Results File..."（选择结果文件）按钮 ▢ Select Results File... ▢，浏览并选择结果文件"cylinder_model.op2"（圆柱模型），单击"OK"按钮 ▢ OK ▢，最后单击"Apply"（应用）按钮 ▢ Apply ▢，导入的有限元模型如图 9-1 所示。

（3）查看应力分析结果。

单击软件界面中最上方的"Results"（结果）选项卡，右侧弹出的"Results"（结果）选项卡，如图 9-3 所示，在该页面进行如下设置。

Action（处理）：选择"Create"（创建）。

Object（对象）：选择"Quick Plot"（快速绘图）。

Select Result Cases：选择"Default, Static Subcase"（默认，静态子库）。

Select Fringe Result（选择条纹结果）：选择"Stress Tensor, "（应力张量）。

Quantity（值）：选择"Max Principal 2D"（2D 最大主应力）。

图 9-2　导入有限元结果文件

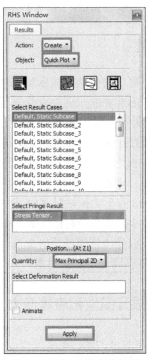

图 9-3　设置查看应力结果

设置完后，单击"Apply"（应用）按钮 [Apply]，应力云图如图 9-4 所示。

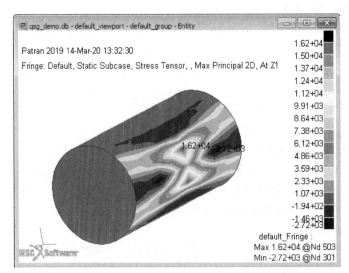

图 9-4　应力云图

9.1.3　进行疲劳分析

1. 设置疲劳分析方法

单击软件界面中最上方的"Durability"（耐用性）选项卡，弹出"MSC.Fatigue"选项卡，如图 9-5 所示，在该页面进行如下设置。

Analysis（分析）：选择"Wheels"（车轮）。

Results Loc.（锁定结果）：选择"Node"（节点）。

Nodal Ave.（节点主道）：选择"Global"（完整）。

Res. Units（结果单位）：选择"PSI"。

Solver（求解方法）：选择"Classic"（经典）。

Jobname（32 chrs max）（作业名称）：输入作业名称"qsg_demo"。

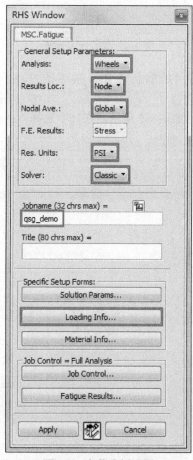

图 9-5　疲劳分析设置

2. 设置疲劳载荷

单击"Loading Info…"（载荷信息）按钮 [Loading Info…] ，弹出"Loading Information for WHEEL Analysis"（旋转体分析的载荷信息）对话框，如图 9-6 所示。在"Number of Loading Conditions"（加载条件的数量）文本框中输入数值"1"，按 Enter 键。

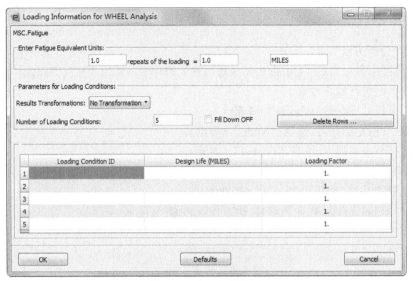

图 9-6　疲劳载荷设置

单击"Loading Condition ID"（加载条件 ID）列下的空白栏，对话框下部出现"Get/Filter Results..."（获取 / 过滤结果）按钮 [Get/Filter Results...] 。单击该按钮，弹出"Select Static FEA Cases"（载荷工况选择）对话框，如图 9-7 所示。在其中选择"Default, 36 subcases"（默认，36 个子案例），单击"Filter"（过滤器）按钮 [Filter] 。

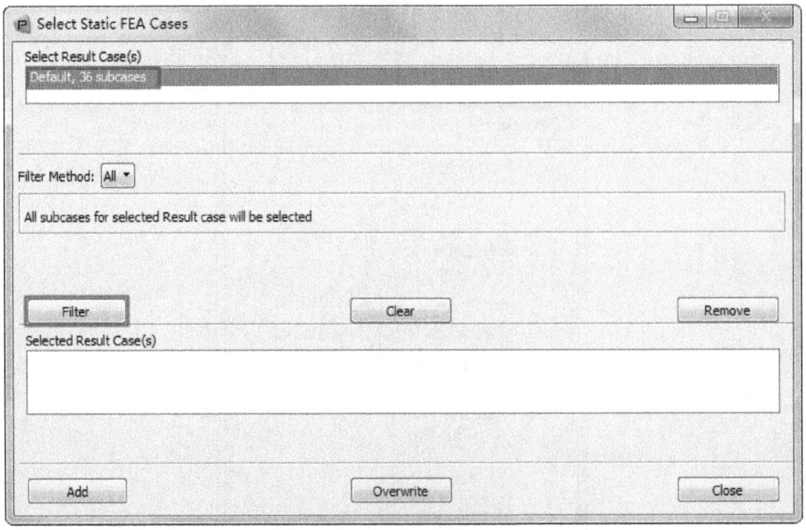

图 9-7　载荷工况选择

单击"Add"（增加）按钮 [Add] ，再单击"Close"按钮 [Close] ，跳转到图 9-8 所示的对话框。

选择"Default, 1.(1:36)-"［默认值，1.(1:36)-]选项，被选择的工况和它的应力结果以内部编号的方式填充到表格中。

单击"Design Life（MILES）"［设置寿命（英里）]列下的空白栏，在弹出的对话框中输入"1000"，再按 Enter 键。用同样的方法将"Loading Factor"（加载系数）设置为"1"，然后单击"OK"按钮 [OK] 。

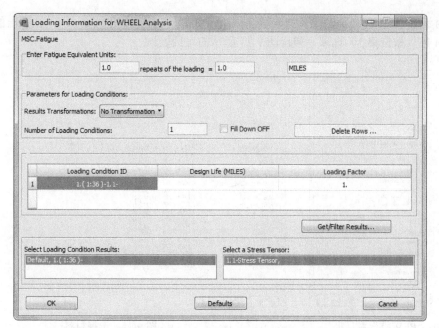

图 9-8　"Loading Information for WHEEL Analysis"对话框

3. 设置材料的疲劳特性

在"MSC.Fatigue"选项卡中单击"Material Info…"（材料信息）按钮 [　Material Info…　]，进入"Material Information 材料信息"对话框，如图 9-9 所示，进行如下设置。

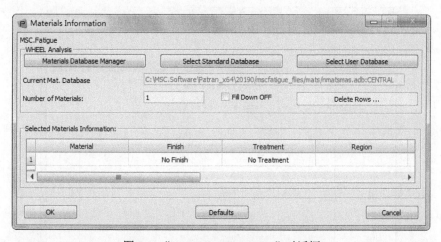

图 9-9　"Materials Information"对话框

单击"Material"（材料）列下的空白栏，浏览并选择材料"7075_HV_T6"。

Finish（加工）：采用默认的"No Finish"（不加工）。

Treatment（处理）：采用默认的"No Treatment"（不处理）。

Region（组）：选择"default_group"（默认组）。

Kf（K_f 值）：采用默认值"1.0"。

设置完成后，单击"Materials Database Manager"（材料数据库管理器）按钮 [　Materials Database Manager　]，弹出图 9-10 所示的对话框。

在该对话框中选中"Load"（负载）单选按钮，单击"OK"按钮 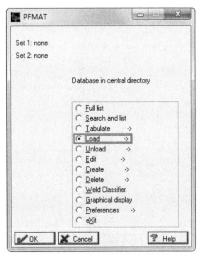，在弹出的菜单中选择"data set 1"（数据集1）选项，弹出图9-11所示的对话框。

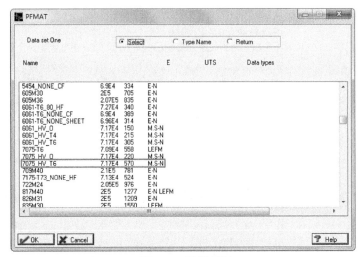

图9-10　"PFMAT"对话框　　　　　　　　　图9-11　选择材料

选择材料"7075_HV_T6"，单击"OK"按钮，返回图9-10所示的对话框。选中"Graphical display"（图形显示）单选按钮，单击"OK"按钮 ，材料"7075_HV_T6"的 *S-N* 曲线如图9-12所示。

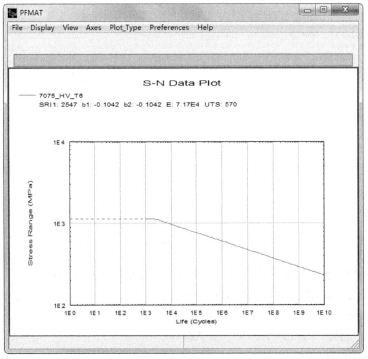

图9-12　*S-N* 曲线

选择"File"（文件）下拉菜单中的"Exit"（退出）命令，退出显示 *S-N* 曲线的窗口。返回到图9-10

所示的对话框，选中"eXit"（退出）单选按钮，单击"OK"按钮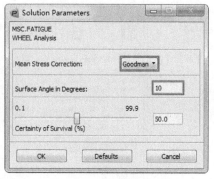，退出该对话框。返回到图 9-9 所示的对话框，单击"OK"按钮![OK]退出。

4. 进行求解

（1）设置求解参数。

在"MSC.Fatigue"选项卡中单击"Solution Params…"（求解参数）按钮![Solution Params...]，弹出"Solution Parameters"（求解参数）对话框，如图 9-13 所示，进行如下设置。

Mean Stress Correction（平均应力校正）：选择"Goodman"（古德曼）。

Surface Angle in Degrees（以度为单位的表面角度）：输入"10"。

单击"OK"按钮![OK]，退出此对话框。

（2）运行疲劳分析。

在"MSC.Fatigue"选项卡中单击"Job Control…"（作业控制）按钮![Job Control...]，弹出"Job Control…"（作业控制）选项卡，如图 9-14 所示，进行如下设置。

Action（处理）：选择"Full Analysis"（完全分析）。

单击"Apply"（应用）按钮![Apply]，提交分析作业。

继续在该选项卡中进行如下设置。

Action（处理）：选择"Monitor Job"（监控作业）。

单击"Apply"（应用）按钮![Apply]，查看计算进展。当"Fatigue analysis completed successfully."（疲劳分析成功完成）出现，表明分析完成。

分析完成后，单击"Cancel"（取消）按钮![Cancel]，关闭选项卡。

图 9-13　设置求解参数

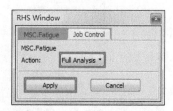

图 9-14　"Job Control"选项卡

9.1.4　查看分析结果

1. 导入疲劳分析结果

在"MSC.Fatigue"选项卡中单击"Fatigue Results…"（疲劳结果）按钮![Fatigue Results...]，进入"Fatigue Results"（疲劳结果）选项卡，如图 9-15 所示，进行如下设置。

Action（处理）：选择"Read Results"（读取结果）。

单击"Apply"（应用）按钮![Apply]，导入疲劳分析结果。

2. 绘制疲劳寿命云图

单击软件界面中最上方的"Results"（结果）选项卡，右侧弹出"Results"（结果）选项卡，如图 9-16 所示，进行如下设置。

Action（处理）：选择"Create"（新建）。

Object（对象）：选择"Quick Plot"（快速绘图）。

Select Result Cases（选择结果案例）：在列表框中选择", qsg_demofef"选项。

Select Fringe Result（选择条纹结果）：在列表框中选择"LC1

图 9-15　"疲劳结果"选项卡

Damage,"（LC1 损坏）。

单击"Apply"（应用）按钮 Apply，生成的疲劳损伤云图如图 9-17 所示。

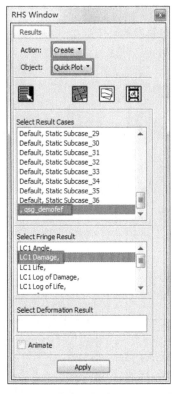

图 9-16　疲劳分析结果显示选项

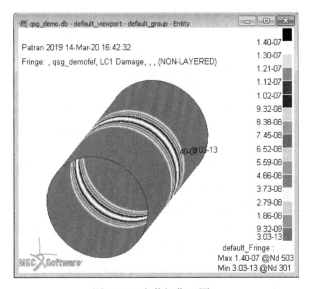

图 9-17　疲劳损伤云图

9.2　实例——软件应变片及其应用

软件应变片（SSG）是 MSC Fatigue 系列产品之一，是将测试响应结果与有限元分析响应结果进行关联的疲劳分析所特有的工具。在有限元模型中创建软件形式的虚拟应变片，从而得出有限元模型在随时间变化的多种载荷作用下所产生的响应时间历程。根据标准的或用户自定义的应变片，可以获得有限元模型上任意一点应力和应变的响应时间历程。从虚拟应变片上可以获得静态、瞬态或准静态有限元加载过程的仿真结果。

虚拟应变片由一个或多个适合于有限元模型表面的薄壳单元组成，在已经定义的位置和方向上提取有限元应力/应变分析结果，以后使用 MSC Fatigue 和其中的 SSG 模块预测应力/应变历程时，可以直接与实测应变进行对比。虚拟应变片测量可看成有限元模型中的组（Group），含 1 ～ 3 个单元，可分布在有限元模型表面的任意方向上，其定位与单元无关。虚拟应变片测量所获得的结果是相关单元的平均值，与实际应变片在物理模型上测定的几何区域相同。

本节以发动机支架的应力、应变分析为例介绍软件应变片的应用。

9.2.1　问题描述

在实验室中对发动机支架物理样件施加实际的环境载荷。将一个花瓣形软件应变片放置在破坏发生的位置附近，以提取应变的时间历程。此样件同时使用有限元模拟，有限元模型如图 9-18 所示。在与物理样件相同位置处创建了一个软件应变片，有限元结果可以提取和转换到与花瓣形应变片相同的坐标系中。随后进行疲劳分析，一种方式是在物理测试应变时间历程基础上进行，另一种方式是在有限元仿真模型基础上进行，并进行相关性分析。

在开始以前，应先将需要的下列文件从配套资源"﹕\sourcefile\"复制到当前工作目录。

mounting_lug.op2；

soft_sg.fin；

soft_sg_m1.dac；

soft_sg_m2.dac；

soft_sg_m3.dac。

在本例中注意学习以下知识点。

（1）在物理应变片位置和方向相同的有限元模型上创建软件应变片。

（2）在物理应变片相同坐标上提取有限元结果。

（3）从有限元模型中综合测试应变历程。

（4）在测试和仿真应变历程上分别进行疲劳分析，以便对比。

（5）评估样件测量位置上的应力状态。

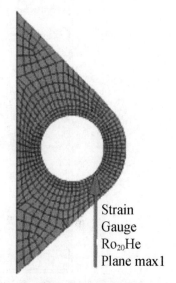

图 9-18　计算模型

9.2.2　导入有限元模型和应力分析结果

1. 创建新数据库文件

双击图标，启动 Patran 2019。单击"Home"（主页）选项卡下"Defaults"（默认）面板中的"New"（新建）按钮，弹出"New Database"（新建数据库）对话框，在"File name"（文件名）文本框中输入文件名"soft_sg.db"，单击"OK"按钮，创建一个新数据库文件。

2. 导入模型和结果

单击软件界面中最上方的"Analysis"（分析）选项卡，右侧弹出"Analysis"（分析）选项卡，如图 9-19 所示，进行如下设置。

Action（处理）：选择"Access Results"（访问结果）。

Object（对象）：选择"Read Output2"（读取 .op2 文件）。

Method（方法）：选择"Both"（两者），表示读取模型及结果。

单击"Select Results File…"（选择结果文件）按钮，浏览并选择结果文件"mounting_lug.op2"，单击"OK"按钮，最后单击"Apply"（应用）按钮，导入的模型如图 9-20 所示。

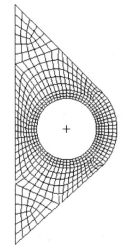

图 9-19　导入有限元分析结果　　　　图 9-20　有限元模型

9.2.3　创建虚拟应变片并分析

1. 测量工具

软件应变片是一个特殊的工具，主要用来获得应变结果。

单击软件界面中最上方的"Durability"（耐用性）选项卡，弹出"MSC.Fatigue"选项卡，进行如下设置。

Analysis（分析）：选择"Soft S/G"。选择该选项后，"MSC. Fatigue"选项卡切换为"Soft S/G"选项卡，如图 9-21 所示。

在"Soft S/G"选项卡中单击"Gauge Tool…"（仪表工具）按钮

［Gauge Tool…］，弹出"Gauge Tool"（仪表工具）选项卡，如图 9-22 所示。

2. 创建虚拟应变片

（1）在模型的表面上选择一个点，放置应变片并定义应变片方向。进行如下设置，如图 9-22（a）所示。

Action（处理）：选择"Create"（新建）。

Object（对象）：选择"MM-120WR"。

Gauge Number（仪表编号）：输入"1"。

Plastic（塑性）：选中该单选按钮。

Select A Point（选择一个点）：在文本框中输入"Node 1175"（节点 1175）。

图 9-21　MSC Fatigue 应变片界面

Select Gauge X Axis（选择仪表 *x* 轴）：设置为"Coord 0.1"（坐标）。

单击"-Apply-"（应用）按钮 - Apply - ，一个黄色标记出现在刚刚选择的节点位置。

（2）定义一个表面区域，在其上放置应变片。

进行如下设置，如图 9-22（b）所示。

Element type（单元类型）：选择"2D：Shell elements"（2D：片状单元）。

Select Shell Elements（选择片单元）：在模型上选择单元 Elm 166 178 179 167，或在文本框中输入"Elm 166 178 179 167"。

单击"- Apply -"按钮（应用） - Apply - ，这样就创建了图 9-23 所示的三个虚拟应变片。

（a）定义应变片的位置　　　（b）定义放置应变片的区域

图 9-22　创建应变片界面

创建了虚拟应变片之后，在屏幕上出现长方形的图形，每个长方形表示一个虚拟应变片（见图 9-23），同时在 Patran 2019 中也生成一个组（见图 9-24），用以存放应变片单元。

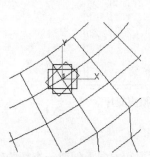

图 9-23　创建的虚拟应变片　　　图 9-24　存放虚拟应变片的组

3. 修改虚拟应变片

如果刚刚创建的应变片不完全是我们需要的，可以进行修改。在"Gauge Tool"（仪表工具）选项卡中进行如下设置，如图 9-25 所示。

Action（处理）：选择"Modify"（修改）。

注意　由于放置应变片的位置没有与物理应变片的位置完全一致，因此需要移动或旋转创建的应变片。物理应变片的位置在节点左侧 2mm 处，需要逆时针旋转 30°。

Select Gauge to Modify（选择要修改的仪表）：选择"001"。

Delta X：设置为"-2.0"。

Delta Y：设置为"0.0"。

Delta Theta：设置为"30"。

Element type（单元类型）：选择"2D：Shell elements"（2D：片状单元）。

Select Shell Elements（选择片单元）：选择单元"Elm l66 178 179 167"。

Reverse normal（反向法线）：不选中此单选按钮。

单击"- Apply -"（应用）按钮 - Apply - ，在弹出的提示对话框中单击"Yes"按钮 Yes ，完成后再单击"Cancel"（取消）按钮 Cancel ，完成虚拟应变片的设置。

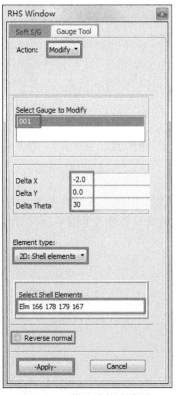

图 9-25　修改虚拟应变片

4. 有限元结果提取

下面从有限元分析结果中提取结果并在应变片位置和方向上创建一个新的结果类型。

在"Soft S/G"选项卡中单击"Results Extraction..."（结果提取）按钮 <kbd>Results Extraction...</kbd>，弹出"Create Strain Gauge Results"选项卡，如图 9-26 所示，在此页面中选择必要的工况。

在该选项卡中单击"Select All"（选择全部）按钮 <kbd>Select All</kbd>，选择所有工况。在"Strain Gauges"（应变仪）中选择"001"，单击"-Apply-"（应用）按钮 <kbd>-Apply-</kbd>。弹出的信息窗口中提示"The current group should contain all nodes and elements with valid model results."，单击"Yes"按钮 <kbd>Yes</kbd>，关闭信息窗口。返回到"Create Strain Gauge Results"选项卡，单击"Cancel"（取消）按钮 <kbd>Cancel</kbd>，关闭该选项卡。

单击软件界面中最上方的"Results"（结果）选项卡，右侧弹出"Results"（结果）选项卡，进行图 9-27 所示的设置，在"Select Result Cases"（选择结果案例）中选择任意一个结果，则在"Select Fringe Result"（选择条纹结果）中会显示出所选择的每个应力分析工况上创建的两个新的结果。这两个新的结果如下所示。

Gauge Stress, Average（平均表压）。

Gauge Stress, Centroidal（重心测量应力）。

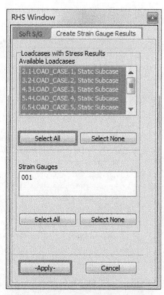

图 9-26　提取有限元结果

图 9-27　产生新的结果

9.2.4　时间历程提取

为提取时间历程，我们必须创建一个 MSC Fatigue 输入文件，然后使用此文件作为软件应变片的输入文件，以生成综合的应力/应变时间历程。

1. 总体设置

单击软件界面中最上方的"Durability"（耐用性）选项卡，弹出"Soft S/G"选项卡。在该选项卡中设置"Analysis（分析）"为"Initiation"（开始）选项，将"Soft S/G"选项卡切换为"MSC.

Fatigue"选项卡。然后在"MSC.Fatigue"选项卡中进行如下设置，如图9-28所示。

Analysis（分析）：更改为"Initiation"（开始）。

Results Loc.（锁定结果）：选择"Element"（单元）。

Nodal Ave.（节点主道）：选择"Global"（全局）。

F.E. Results（F.E.结果）：选择"Stress"（应力）。

Res. Units（结果单位）：选择"MPa"（兆帕）。

Solver（求解器）：选择"Classic"（经典）。

Jobname（32 chrs max）（作业名称）：输入"soft_sg"。

Title（80 chrs max）（标题）：输入"Soft S/G Analysis Example-Elastic/Plastic"。

2. 求解参数设置

在"MSC.Fatigue"选项卡中单击"Solution Params…"（求解参数）按钮 `Solution Params...`，进入求解参数对话框，如图9-29所示，进行如下设置。

Analysis Method（分析方法）：选择"S-W-T"。

Plasticity Correction（塑性校正）：选择"Neuber"。

Run Biaxiality Analysis（运行双轴性分析）：勾选该复选框。

Correction（校正）：选择Hoffman-Seeger（霍夫曼-西格）。

Stress/Strain Combination（应力/应变组合）：选择Max. Abs. Principal（最大绝对主应力）。

设置完成后，单击"OK"按钮 `OK`，退出此对话框。

图9-28 总体设置

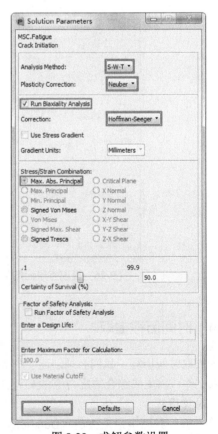

图9-29 求解参数设置

3. 设置材料信息

下面为每个应变片赋予材料特性和其他信息。在"MSC.Fatigue"选项卡中单击"Material Info…"按钮 [Material Info...]，弹出图 9-30 所示的"Materials Information"（材料信息）对话框，进行如下设置。

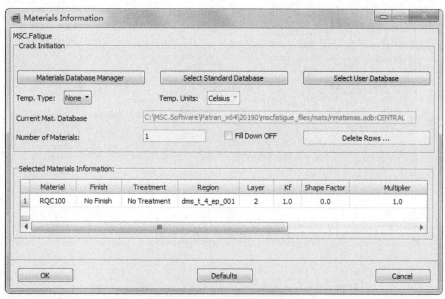

图 9-30　材料信息设置

Number of Materials（材料数量）：输入"1"。

Material（材料）：选择"RQC 100"。

Finish（加工）：选择"No Finish"（不加工）。

Treatment（处理）：选择"No Treatment"（不处理）。

Region（组）：选择"dms_t_4_ep_001"。

Kf（K_f 值）：设置为"1.0"。此参数为表面加工修正系数，虚拟应变片不使用此参数，保留默认设置。

Shape Factor（形状系数）：设置为"0.0"。这是 Mertens-Dittmann 和 Seeger-Beste 方法要求的形状系数（Formzahl）或塑性应变集中系数。有效值大于 1，典型值为 1.5 到 3.0。本例中使用 Neuber 方法，空着或设置为 0.0 即可。

Multiplier（倍数）：设置为"1.0"。此参数不使用，空着或设置为"1.0"即可。

Offset（偏移）：设置为"0.0"。此参数不使用，空着或设置为"0.0"即可。

设置完成后，单击"OK"按钮 [OK]，退出此对话框。

4. 设置载荷信息

当选择实际结果时，用户必须选择提取的应变片结果中的一个。对每个应变片单元的 4 个节点和单元中心的应力求平均值时，使用"Gauge Stress, Average"（平均表压）或"Gauge Stress, Centroidal"（重心测量应力）。

在"MSC.Fatigue"选项卡中单击"Loading Info…"按钮 [Loading Info...]，弹出"Loading Information"（载荷信息）对话框，如图 9-31 所示。

在该对话框中单击"Time History Manager"按钮（时间历程管理器）[Time History Manager]，

弹出"PTIME - Database Options"（PTIME - 数据库选项）对话框，如图9-32所示。

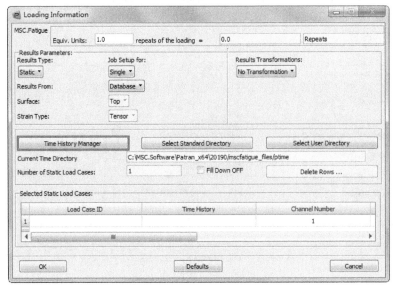

图9-31　疲劳载荷信息设置

图9-32　"PTIME - Database Options"对话框

选中"copy from Remote"（远程复制）单选按钮，单击"OK"按钮 OK ，弹出图9-33所示的"PTIME - Database Entry Copy from Remote"（PTIME - 远程复制数据库）对话框，在该对话框中输入载荷文件所在路径。

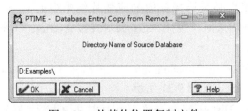

图9-33　从其他位置复制文件

单击"OK"按钮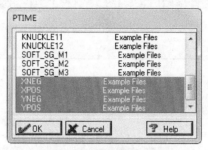，在弹出的对话框中单击"文件列表"按钮，弹出图 9-34 所示的对话框，在其中选择"XNEG""XPOS""YNEG""YPOS"4 个载荷文件。

图 9-34　选择载荷文件

单击"OK"按钮，将上述 4 个文件复制到工作目录中。此时返回图 9-35 所示的"PTIME - Database Options"（PTIME - 数据库选项）对话框，在该对话框中选中"Multi-channel…"（多通道）单选按钮，单击"OK"按钮，在弹出的菜单中选择"Display Histories"（显示历史记录）选项，弹出图 9-36 所示的对话框。

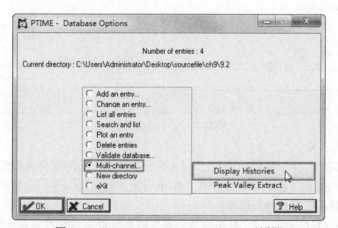

图 9-35　"PTIME - Database Options"对话框

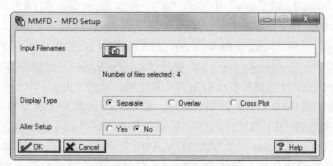

图 9-36　显示多通道载荷设置

单击"文件列表"按钮，从目录中选择"XPOS""YPOS""XNEG""YNEG"4 个载荷文件，选择完后单击"OK"按钮，此时出现 4 个载荷曲线，如图 9-37 所示。

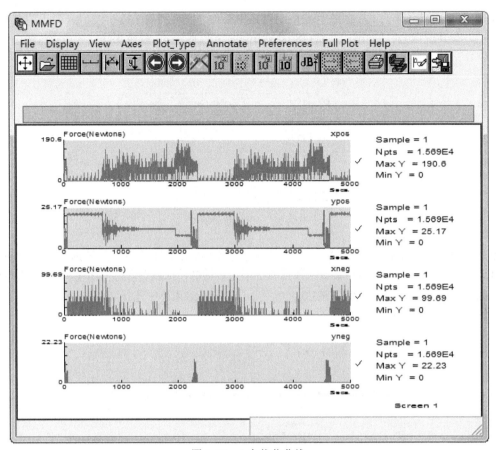

图 9-37　4 个载荷曲线

选择"File"（文件）下拉菜单中的"Exit"（退出）命令，关闭载荷曲线图。返回到图 9-35 所示的对话框，选中"eXit"（退出）单选按钮，单击"OK"按钮 ✔ OK ，退出该对话框。

5. 关联有限元载荷工况与时间历程

返回到"Loading Information"（载荷信息）对话框。用户必须将刚刚创建的随时间变化的载荷与有限元载荷工况关联起来。

在"Number of Static Load Cases"中输入"4"，并按 Enter 键，如图 9-38 所示。单击"Load Case ID"（载荷工况 ID）列下的空白栏，对话框下部出现"Get/Filter Results…"（获取 / 过滤结果）按钮 Get/Filter Results... 和"Results Parameters"（结果参数）选项，单击"Get/Filter Results…"（获取 / 过滤结果）按钮 Get/Filter Results... ，弹出"Results Filter"（过滤结果）对话框。在其中勾选"Select All Results Cases"（选择所有结果案例）复选框，单击"Apply"（应用）按钮 Apply ，有 9 个载荷工况出现在图 9-38 左下角的列表框中。根据列出的载荷工况及与之对应的时间历程等信息进行设置，分别选择"2.1-LOAD_CASE. 1, Static Subcase""4.3-LOAD_CASE. 3, Static Subcase""6.5-LOAD_CASE. 5, Static Subcase""8.7-LOAD_CASE. 7, Static Subcase"这 4 个工况。

选择与工况对应的载荷文件，例如与"2.1-4.1-"对应的载荷文件为"XPOS.DAC"，并将其"Load Magnitude"设置为"0.25"。

重复设置，直到完成 4 个工况的设置（见表 9-1）。设置完成后，单击"OK"按钮 OK ，完成疲劳载荷设置。

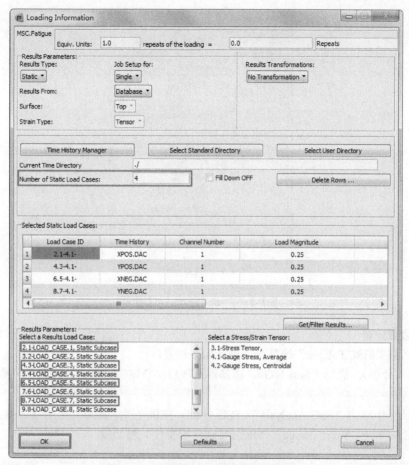

图 9-38　将载荷工况与时间历程关联

表 9-1　工况及载荷信息

Load Case ID	Time History	Load Magnitude
第 1 行: 2.1-4.1-	XPOS.DAC	0.25
第 2 行: 4.3-4.1-	YPOS.DAC	0.25
第 3 行: 6.5-4.1-	XNEG.DAC	0.25
第 4 行: 8.7-4.1-	YNEG.DAC	0.25

6. 作业控制

在"MSC.Fatigue"选项卡中单击"Job Control …"（作业控制）按钮 [Job Control...]
（见图 9-28），弹出"Job Control"（作业控制）选项卡，如图 9-39 所示，进行如下设置。

Action（处理）：选择"Translate Only"（仅平移）。

这样可以生成 MSC Fatigue 作业文件"soft sg.fin"，并运行 PAT3FAT 转换器。

单击"Apply"（应用）按钮 [Apply]，提交分析作业。在弹出的提示对话框中单击"Yes"
按钮 [Yes]，直到转换完成，然后单击"Cancel"（取消）按钮 [Cancel]，关闭"Job Control"
（作业控制）选项卡。

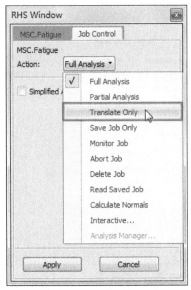

图 9-39 "Job Control" 选项卡

7. 运行疲劳分析

此时返回到 "MSC.Fatigue" 选项卡，进行如下设置。

Analysis（分析）：选择 "Soft S/G"。选择该选项后，"MSC.Fatigue" 选项卡切换为 "Soft S/G" 选项卡。

在该选项卡中单击 "SSG Analysis"（SSG 分析）按钮 [SSG Analysis]，弹出图 9-40 所示的 "SSG - FE Software Strain Gauge"（SSG-FE 软件应变仪）对话框。

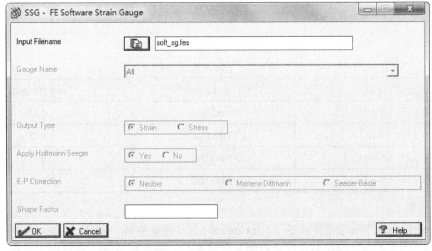

图 9-40 "SSG - FE Software Strain Gauge" 对话框

单击 "文件列表" 按钮 [图]，选择文件 "soft_sg.fes" 后，单击 "OK" 按钮 [✔ OK]，此时 "Output Type"（输出类型）被激活，如图 9-41 所示，进行如下设置。

Output Type（输出类型）：选中 "Strain"（应变）单选按钮。这里提取应变时间历程，可以与测试信号进行对比，单击 "OK" 按钮 [✔ OK]，进行计算。

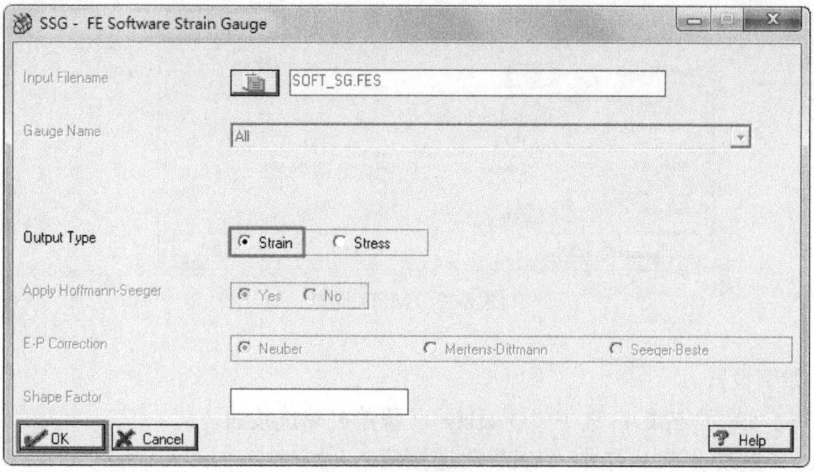

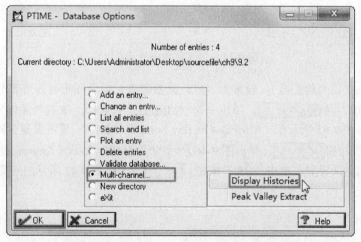

图 9-41　输出类型设置

9.2.5　相关分析技术

在"Soft S/G"选项卡中设置"Analysis"（分析）为"Initiation"（开始）选项，将"Soft S/G"选项卡切换为"MSC.Fatigue"选项卡。

在该选项卡中单击"Loading Info..."（载荷信息）按钮 Loading Info... ，弹出"Loading Information"（载荷信息）对话框。单击"Time History Manager"（时间历程管理器）按钮 Time History Manager ，弹出图 9-42 所示的"PTIME-Database Options"（PTIME-数据库选项）对话框，在该对话框中选中"Multi-channel..."（多通道）单选按钮，单击"OK"按钮 OK ，在弹出的菜单中选择"Display Histories"（显示历史记录）选项。

图 9-42　"PTIME-Database Options"对话框

弹出图 9-43 所示的"MMFD-MFD Setup"（MMFD-MFD 设置）对话框。单击"文件列表"按钮 ，在弹出的对话框中选择所有（6 个）信号文件，或者任意选择其中成对的信号文件进行相关性分析。本例中选择前两对信号，即"soft_sg_m2.dac""soft_sg00102.dac"和"soft_sg_m3.dac""soft_sg00103.dac"。

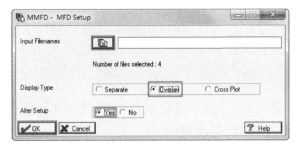

图 9-43　MFD 设置

继续进行如下设置。

Display Type（显示方式）：选中"Overlay"（覆盖）单选按钮。

Alter Setup（更改设置）：选中"Yes"单选按钮。

单击"OK"按钮![OK]，弹出图 9-44 所示的对话框，进行如下设置。

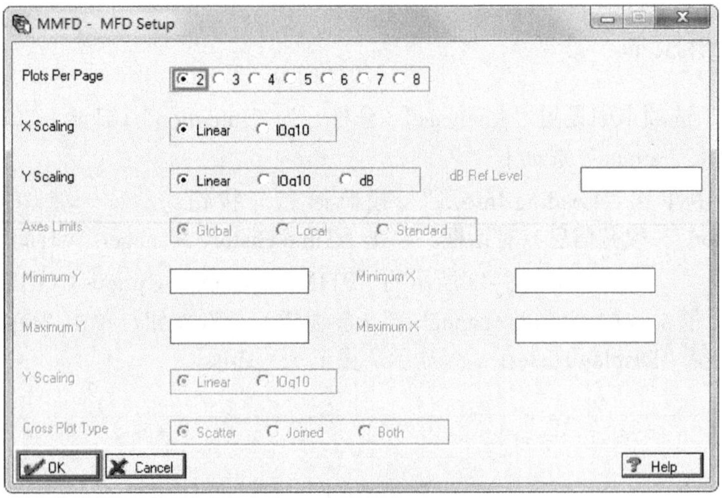

图 9-44　多文件输出显示设置

Plots Per Page（每页绘图数）：设置为"2"。此参数表示显示图形时每屏幕显示两条曲线或两个图形。单击"OK"按钮![OK]，弹出一个"MMFD"对话框，单击"关闭"按钮![x]，跳过该对话框，弹出图 9-45 所示的"MMFD-Overlay Setup"（MMFD-覆盖设置）对话框，采用默认设置；单击"OK"按钮![OK]，弹出图 9-46 所示的"MMFD-Y-axis Alignment"（MMFD-y 轴对齐）对话框，采用默认设置；单击"OK"按钮![OK]，出现图 9-47 所示的应变片 2 的覆盖图。

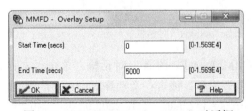

图 9-45　"MMFD - Overlay Setup"对话框

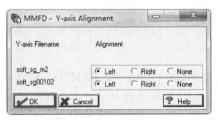

图 9-46　"MMFD -Y-axis Alignment"对话框

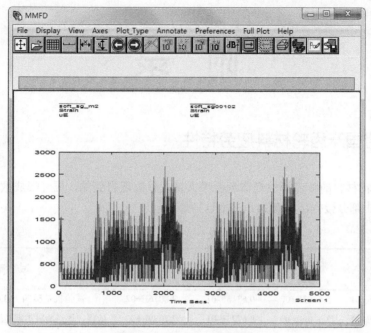

图 9-47　应变片 2 的覆盖图

选择"File"（文件）下拉菜单中的"Exit"（退出）命令，关闭绘图窗口。返回到图 9-42 所示的对话框，选中"eXit"（退出）单选按钮，单击"OK"按钮 ✔ OK ，关闭该对话框，再返回到"Loading Information"（载荷信息）对话框，单击"OK"按钮 OK 。

9.2.6　分析总结

相关性分析是可靠的疲劳耐久性计算的一个重要方面。如果一个相关性分析表明预测的和实际测试的应变历程有较差的相关性，疲劳计算就可能产生较差的结果。引起相关性不好的原因主要有以下几点。

（1）设置 MSC Fatigue 分析作业时产生的错误。

（2）正确的载荷工况通道需要正确的比例系数。

（3）计算载荷历程产生的误差。

（4）载荷和边界条件的定义不合理，或者缺少载荷。

（5）不合适的网格。

（6）应变片不正确的放置位置。

（7）不恰当的分析类型（例如问题是动态的，却使用准静态分析）。

（8）不当的材料。

（9）非比例载荷与大塑性同时发生。

附　录

附录I　常用国产齿轮材料疲劳特性

常用国产齿轮材料的疲劳特性是作者参考大量文献整理得到的，已经形成数据库，由于篇幅限制，这里仅给出部分数据，如表I-1～表I-3所示。

表I-1　40Cr

可靠度 R	方程常数 $\ln C_R$	方程指数 m_R	相关系数 r	疲劳极限 σ/MPa	试验情况
0.1	4.6530E+01	5.6103E+00	9.6315E-01	2.8016E+02	试验机是英国 1603 型电磁谐振疲劳试验机。该试验机加载精度较高，加载范围为
0.2	4.4769E+01	5.3300E+00	9.6723E-01	2.7079E+02	±100kN，加载频率范围为 100～200Hz。
0.3	4.3367E+01	5.1069E+00	9.7046E-01	2.6279E+02	试验齿轮工艺路线：轮坯锻造→正火、
0.4	4.2070E+01	4.9009E+00	9.7337E-01	2.5493E+02	870℃，保温 1h，空冷→精车毛坯→调质
0.5	4.0770E+01	4.6945E+00	9.7617E-01	2.4656E+02	处理→精车毛坯→滚齿。其中调质工艺：
0.6	3.9381E+01	4.4743E+00	9.7892E-01	2.3705E+02	860℃，保温 40min，油淬，610～620℃回
0.7	3.7796E+01	4.2235E+00	9.8153E-01	2.2539E+02	火。齿坯平均硬度为 265HB。经检测，化
0.8	3.5824E+01	3.9121E+00	9.8340E-01	2.0952E+02	学成分及力学性能均符合 GB3077-88 的规
0.9	3.2960E+01	3.4627E+00	9.8011E-01	1.8338E+02	定。试验齿轮的几何参数：m=4.5mm，齿宽
0.91	3.2576E+01	3.4028E+00	9.7863E-01	1.7954E+02	b=14mm，β=0，x=0，齿根表面粗糙度 Rz=
0.92	3.2162E+01	3.3384E+00	9.7659E-01	1.7530E+02	25μm。
0.93	3.1714E+01	3.2689E+00	9.7373E-01	1.7060E+02	
0.94	3.1226E+01	3.1935E+00	9.6960E-01	1.6531E+02	
0.95	3.0691E+01	3.1114E+00	9.6344E-01	1.5930E+02	
0.96	3.0106E+01	3.0224E+00	9.5371E-01	1.5239E+02	
0.97	2.9478E+01	2.9287E+00	9.3690E-01	1.4443E+02	
0.98	2.8886E+01	2.8454E+00	9.0310E-01	1.3566E+02	
0.99	2.9001E+01	2.8912E+00	8.0971E-01	1.3062E+02	

表I-2　25Cr2MoV

可靠度 R	方程常数 $\ln C_R$	方程指数 m_R	相关系数 r	疲劳极限 σ/MPa	试验情况
0.1	5.0964E+01	1.9174E+01	9.9750E-01	1.4093E+02	试验齿轮材料 25Cr2MoV 由太原钢
0.2	4.9052E+01	1.8829E+01	9.9688E-01	1.3851E+02	铁公司钢铁研究所专门冶炼提供，其化
0.3	4.7512E+01	1.8552E+01	9.9630E-01	1.3656E+02	学成分和力学性能完全符合 GB 3077-88
0.4	4.6071E+01	1.8293E+01	9.9570E-01	1.3473E+02	标准。
0.5	4.4607E+01	1.8031E+01	9.9502E-01	1.3288E+02	试验齿轮的加工工艺路线：锻压→正火→车削→调质→滚齿→离子渗氮

可靠度 R	方程常数 $\ln C_R$	方程指数 m_R	相关系数 r	疲劳极限 σ/MPa	试验情况
0.6	4.3018E+01	1.7745E+01	9.9419E-01	1.3087E+02	调质工艺及品质检测为淬火 900℃，
0.7	4.1166E+01	1.7413E+01	9.9309E-01	1.2852E+02	保温 30min，油淬；回火 700℃，保温
0.8	3.8780E+01	1.6984E+01	9.9143E-01	1.2549E+02	60min，空冷。调质后金相组织为回火索
0.9	3.5059E+01	1.6311E+01	9.8817E-01	1.2074E+02	氏体，齿轮毛坯硬度为 245～274HBS。
0.91	3.4522E+01	1.6213E+01	9.8762E-01	1.2005E+02	渗氮工艺及检测结果是离子渗氮
0.92	3.3930E+01	1.6105E+01	9.8698E-01	1.1928E+02	560℃，10h；氮氢比 10%～15%。渗
0.93	3.3267E+01	1.5984E+01	9.8623E-01	1.1842E+02	氮后表面硬度 ≥700HV，心部硬度
0.94	3.2515E+01	1.5846E+01	9.8532E-01	1.1744E+02	245～274HBS，有效渗氮层厚度 0.3mm。
0.95	3.1641E+01	1.5684E+01	9.8420E-01	1.1630E+02	试验齿轮参数为模数 m=5mm，齿数
0.96	3.0598E+01	1.5489E+01	9.8274E-01	1.1491E+02	z=30，变位系数 x=0，齿宽 b=14mm，齿
0.97	2.9295E+01	1.5242E+01	9.8071E-01	1.1316E+02	轮精度 7 级。
0.98	2.7550E+01	1.4903E+01	9.7753E-01	1.1075E+02	
0.99	2.4874E+01	1.4345E+01	9.7110E-01	1.0676E+02	

表 I-3　18Cr2Ni4WA

可靠度 R	方程常数 $\ln C_R$	方程指数 m_R	相关系数 r	疲劳极限 σ/MPa	试验情况
0.1	1.4093 E+02	1.9174 E+01	0.9975	140.9305	试验机采用国产 HS100KN 高频疲劳试
0.2	1.3851 E+02	1.8829 E+01	0.9969	138.5081	验机。该机是一种电磁激振机，频率范围为
0.3	1.3656 E+02	1.8552 E+01	0.9963	136.5578	80～250Hz，单向最大拉压脉动载荷为 10 吨，
0.4	1.3473 E+02	1.8293 E+01	0.9957	134.7343	计数容量为 10^8。试件夹具如 GB/T14230-1993
0.5	1.3288 E+02	1.8031 E+01	0.9950	132.8821	中图 C2 所示。该夹具具有自动均载功能，使载
0.6	1.3087 E+02	1.7745 E+01	0.9942	130.8709	荷均匀分布于被试两齿及齿宽方向。
0.7	1.2852 E+02	1.7413 E+01	0.9931	128.5240	试验齿轮按软件的《MSC Fatigue 用户手
0.8	1.2549 E+02	1.6984 E+01	0.9914	125.4947	册》中有关规定设计和制造：标准直齿圆柱齿
0.9	1.2074 E+02	1.6311 E+01	0.9882	120.7386	轮，模数 m=4mm，齿数 Z=38，直齿标准齿轮，
0.91	1.2005 E+02	1.6213 E+01	0.9876	120.0467	压力角 α=20°，ha*=1，齿根倒角 C=0.25m，
0.92	1.1928 E+02	1.6105 E+01	0.9870	119.2809	齿宽 b=20mm。热处理及机加工工艺：锻造→热
0.93	1.1842 E+02	1.5984 E+01	0.9862	118.4217	处理（正火+高温回火）→机加工（粗车，精
0.94	1.1744 E+02	1.5846 E+01	0.9853	117.4409	车，滚齿）→热处理（渗碳，淬火，回火）→
0.95	1.1630 E+02	1.5684 E+01	0.9842	116.2953	机加工（磨内孔，端面，外圆，齿形）。其中渗
0.96	1.1491 E+02	1.5489 E+01	0.9827	114.9129	碳温度 920～930℃，820℃油淬，180℃回火。
0.97	1.1316 E+02	1.5242 E+01	0.9807	113.1609	经检验，齿轮平均硬度为 HRC59.6，化学成分
0.98	1.1075 E+02	1.4903 E+01	0.9775	110.7463	及力学性能均符合 GB3077-88 的规定。磨齿渗
0.99	1.0676 E+02	1.4345 E+01	0.9711	106.7645	碳层双面留量 0.50mm，单面留量 0.25mm。有

效渗碳层厚度 0.9mm。全部试验齿轮经过超声波探伤，无缺陷。试验方法及失效判据按规定的方法进行

附录 II 国产材料疲劳特性估算方法

在对大量国产材料疲劳特性进行统计的基础上，建议按如下方法对 S-N 曲线进行保守估计。

$$\lg N = a + b \lg \sigma \qquad\qquad (1)$$

当 $N = 10^6$ 时，$\sigma_{1000000} = \delta \sigma_b$，$\delta$ 值按表III-1的金属类别选取较小值，或直接保守地选取 $\delta = 0.255$。

表 II-1 各种金属的 $\sigma_{1000000}$ 与 σ_b 的比值

金属类型	热处理方式	$\sigma_{1000000}/\sigma_b$
低合金高强度结构钢	热轧	$0.471 \sim 0.626$
优质碳素结构钢	热轧或调质或正火	$0.374 \sim 0.573$
合金钢（包含弹簧钢）	淬火后回火或调质	$0.295 \sim 0.524$
耐热不锈耐酸钢	调质	$0.255 \sim 0.550$
铸钢	正火或调质	$0.330 \sim 0.506$
球墨铸铁	退火或正火	$0.311 \sim 0.636$

斜率 k 取 0.048，或根据材料和热处理的类型，结合表 II-1、表 II-2，取各组数据的下限。

$$k = -\frac{1}{b} \qquad a = b \lg(\delta \sigma_b) - 6 \qquad\qquad (2)$$

表 II-2 各种金属 $-1/b$ 的分布范围

金属类型	热处理方式	$-1/b$
低合金高强度结构钢	热轧	$0.068 \sim 0.101$
优质碳素结构钢	热轧或调质或正火	$0.048 \sim 0.101$
合金钢（包含弹簧钢）	淬火后回火或调质	$0.063 \sim 0.146$
耐热不锈耐酸钢	调质	$0.060 \sim 0.091$
铸钢	正火或调质	$0.088 \sim 0.148$
球墨铸铁	退火或正火	$0.083 \sim 0.136$

附录 Ⅲ　常用国产材料的疲劳特性估算用表

表Ⅲ-1　常用国产材料的疲劳特性估算表

编号	材料	类型	热处理	σ_b/MPa	$\sigma_{1000000}/\sigma_b$	$-1/b$
1	Q235A	低合金高强度结构钢	热轧	439	0.5685	0.0681
2	Q235A(F)	低合金高强度结构钢	热轧	428	0.4719	0.1013
3	Q235B	低合金高强度结构钢	热轧	441	0.6254	0.0696
4	20	优质碳素结构钢	热轧	463	0.5723	0.0508
5	30	优质碳素结构钢	调质	808	0.4904	0.1004
6	35	优质碳素结构钢	正火	593	0.5063	0.0538
7	35	优质碳素结构钢	正火	593	0.5160	0.0488
8	45	优质碳素结构钢	正火	624	0.4415	0.0828
9	45	优质碳素结构钢	调质	735	0.3748	0.08277
10	45	优质碳素结构钢	电渣熔铸	934	0.4407	0.09553
11	55	优质碳素结构钢	调质	834	0.4691	0.0847
12	70	优质碳素结构钢	淬火后中温回火	1138	0.4414	0.0705
13	16Mn	优质碳素结构钢	热轧	586	0.5345	0.07850
14	20SiMnVB	合金钢	渗碳	1166	0.5284	0.0731
15	40MnB	合金钢	调质	1111	0.4841	0.1084
16	45MnVB	合金钢		970	0.4260	0.1301
17	45Mn2	优质碳素结构钢	调质	952	0.5187	0.0708
18	YF45MnV	易切削结构钢	热轧	886	0.4351	0.06478
19	18Cr2Ni4W	合金钢	调质	1039	0.4596	0.1196
20	20Cr2Ni4A	合金钢	淬火后低温回火	1483	0.4247	0.0825
21	20CrMnSi	合金钢	调质	788	0.3880	0.1349
22	35CrMo	合金钢	调质	924	0.4701	0.1135
23	40Cr	合金钢	调质	940	0.4327	0.1454
24	40CrMnMo	合金钢	调质	977	0.4838	0.0909
25	40CrNiMo	合金钢	调质	972	0.5233	0.1016
26	42CrMo	合金钢	调质	1134	0.4486	0.1016
27	50CrV	弹簧钢	淬火后中温回火	1586	0.4529	0.0750
28	55Si2Mn	弹簧钢	淬火后中温回火	1866	0.3975	0.0890
29	60Si2Mn	弹簧钢	淬火后中温回火	1625	0.3217	0.1021
30	65Mn	弹簧钢	淬火后中温回火	1687	0.4478	0.0640
31	16MnCr5	合金钢	淬火后中温回火	1373	0.4478	0.0902
32	20MnCr5	合金钢	淬火后低温回火	1482	0.4404	0.0974
33	25MnCr5	合金钢	淬火后低温回火	1587	0.2951	0.1034
34	28MnCr5	合金钢	淬火后低温回火	1307	0.3615	0.1025
35	1Cr13	耐热不锈耐酸钢	调质	721	0.5461	0.0850
36	2Cr13	耐热不锈耐酸钢	调质	687.5	0.5498	0.0901
37	7Cr7Mo2V2Si	耐热不锈耐酸钢	调质	2353	0.2557	0.0608
38	Cr12	冷作模具钢	淬火后低温回火	2272	0.3252	0.0697

续表

编号	材料	类型	热处理	σ_b/MPa	$\sigma_{1000000}/\sigma_b$	$-1/b$
39	ZG1Cr13	铸钢	退火后正火	789	0.4667	0.1006
40	ZG20SiMn	铸钢	正火	515	0.5056	0.0887
41	ZG25	铸钢	正火	543	0.4491	0.1004
42	ZG35	铸钢	调质	823	0.3948	0.1141
43	ZG40Cr	铸钢	调质	977	0.3636	0.1423
44	ZG55	铸钢	调质	1044	0.3305	0.1473
45	QT400-15	球墨铸铁	退火	484	0.6041	0.0839
46	QT400-18	球墨铸铁	退火	472	0.6355	0.1151
47	QT400-19	球墨铸铁	退火	433	0.5381	0.1184
48	QT500-7	球墨铸铁	退火	625	0.4208	0.0850
49	QT600-3	球墨铸铁	正火	759	0.3532	0.1063
50	QT600-3	球墨铸铁	正火	858	0.3119	0.1356
51	QT700-3	球墨铸铁	正火	754	0.3534	0.1106
52	QT800-2	球墨铸铁	正火	842	0.4462	0.055

说明：表中数据参考了赵少汴老师的著作《抗疲劳设计》（机械工业出版社，1994）附录中的数据。